重現爬蟲類、兩棲類
棲息地環境的

自然生態缸

新手也能神還原
森林、荒野、水岸的自然樣貌

日本動物系YouTuber
RAF Channel 有馬 監修
許郁文／譯

前言

大家辛苦了，我是「RAF Channel」的有馬。

非常感謝各位購買本書。

這次是我第一次寫書，真的由衷感謝各位讀者。

會購買本書的人，有可能是常常瀏覽我的YouTube頻道的觀眾，或是不知道「RAF Channel」、只是對生態缸有興趣的讀者。

為了讓每位讀者都能開心地閱讀本書，除了盡可能地說明爬蟲類與兩棲類的棲息環境該怎麼重建之外，也為了本書另外製作了17項作品，盡可能降低打造生態缸的難度。

不管是初學者還是善於打造生態缸的老手，應該都能開心地閱讀本書才對。

接下來聊聊為什麼會有機會撰寫本書。

這3年來，我除了正職之外，也經營「RAF Channel」這個YouTube頻道，透過這個頻道介紹爬蟲類與兩棲類的魅力。

在經營這個頻道的時候，我做了好幾個生態缸，也多虧了這些製作經驗讓我能有機會撰寫本書。

「為了將所有從天而降的機會打成全壘打，所以每天都要好好準備自己。」

這就是我對自己的期許。

所以我才毫不猶豫地接下撰寫本書的任務（非常感謝給予本次機會的株式會社MATES UNIVERSAL CONTENTS）。

話說回來，我可以老實說出寫這本書的想法嗎？

真的是有夠辛苦的。

我除了正職之外，還經營YouTube與其他的副業，同時還要照顧200隻以上的爬蟲類與兩棲類。

然後還要撰寫本書。

而且就某種程度而言，這本「打造生態缸」的書等於是「作品集」。

我也因此另外打造了17座全新的生態缸（在4個月之內）。

若問在整個過程中，最辛苦的是哪個部分，當然是事前準備17座生態缸的材料。

我總是到了晚上11點，工作結束之後才開始製作，做到隔天凌晨2點左右才結束。接著則是整理資料。老實說，撰寫生態缸這類書籍的困難之處不在於技術或是素養，而是需要付出莫大的勞力。

所以呢，希望大家不要只是「看完照片就翻頁」，而是能夠花點時間閱讀內容，這樣我就會很開心（笑）。

開頭也提過，為了讓「初學者也能開心地閱讀本書」，我除了介紹全新製作的15項作品，還介紹了2項沒有講解製作步驟的作品，總計「為了這本書」製作了17項作品。

基本上，這17項作品都是利用在居家生活賣場、日本百元商店、園藝材料行隨手買得到的材料製作，絕對都是大家「能夠輕鬆模仿」的作品。

如果想要飼養爬蟲類、兩棲類的初學者，以及已經養過很多爬蟲類或兩棲類，卻不曾花時間打造「生態缸」的讀者，在看了本書之後，若會想要挑戰看看，那真的是筆者的榮幸。

除了YouTube之外，我每天還有正職工作要做。這世上大部分的人都沒養過爬蟲類。雖然最近有許多人開始飼養野生寵物（Exotic pet，有別於貓、狗這類主流寵物的寵物），但飼養爬蟲類或是兩棲類的人還是少數。

我之所以願意在正職之外的時間，經營YouTube頻道，或是撰寫爬蟲類與兩棲類相關書籍，全是出自「希望有更多人願意飼養爬蟲類與兩棲類寵物」這個想法，這個想法既是我開始經營YouTube的契機，更是我不惜賭上人生，也要達成的任務。

不管是出自什麼動機都好，只要能有更多人透過本書了解「打造生態缸」這個飼養爬蟲類、兩棲類的究極樂趣，那真是作者無上的快樂。

最後要感謝幫助本書出版的爬蟲類俱樂部渡邊社長、爬蟲類頻道YouTuber以及繁殖業者，以及願意陪我挑燈夜戰的各位編輯，在此獻上我的感謝。

接著，就請大家一起享受美好的「打造生態缸生活」。

RAF Channel 有馬

重現爬蟲類、兩棲類棲息地環境的
自然生態缸
新手也能神還原森林、荒野、水岸的自然樣貌

CONTENTS

第1章 一起打造生態缸

第2章 棲息於森林的爬寵生態缸

第4章 棲息於水岸的爬寵生態缸

本書的閱讀方式

本書的主題是以簡單易懂的方式介紹打造爬蟲類與兩棲類生態缸的方法。
除了說明基礎知識，還以照片介紹了製作生態缸所需的用品，
以及布置生態缸的重點。

本書編排

本書於第1章說明生態缸的基礎知識，接著從第2章開始說明將生態缸布置成「森林」、「荒野」與「水岸」的方法，以及說明在生態缸重現這些爬蟲類與兩棲類的棲息環境的方法。此外，從第2章開始，會於各章結尾刊出爬蟲類、兩棲類玩家製作的生態缸的照片。

※這些「森林」、「荒野」與「水岸」環境分類終究只能作為參考。比方說，在水岸的生態缸中，也會使用許多森林的植物。

本書的各種頁面

本書主要由3種頁面組成，分別是「Theory」、「Theory & Layout」與「Layout」。

Theory

介紹打造生態缸時必須要知道的理論。每一章也都是從「Theory」頁面開始。

Theory & Layout

此為接在各章「Theory」頁面之後的頁面，主要包含理論與實際製作生態缸的內容，所以也會介紹生態缸之外的資訊，是能夠汲取各種知識的頁面。

Layout

為接在各章「Theory & Layout」之後的頁面。主要包含實際製作各爬蟲類與兩棲類生態缸的方法。

Collection of works

這是從第2章開始，放在每章結尾的頁面。主要介紹爬蟲類、兩類玩家製作的生態缸。

除了上述的內容之外，還有放在本書結尾處的「Conversation with vivarium」（監修者與生態缸專家的對談）等，從不同的角度介紹與筆者理念相同的製作生態缸所需之資訊。

❶ 各頁面的種類

說明該頁面的主題。主要的內容以左側說明為準。

❷ 簡易索引

基本上，所有頁面都有這個部分。如果需要任何打造生態缸的相關知識，可利用這個部分搜尋。

本書（Layout頁面）的內容

本書總共介紹了15款生態缸的製作步驟。讓我們一起掌握重點，順利地打造想要的生態缸吧。

❶照片的角度

為最主要的拍攝角度。「正面」就是從正面拍照的照片。

❷Close up（特寫）

以放大細節的照片介紹該生態缸的重點。

❸能飼養於相同環境的其他爬寵

於此區介紹能飼養於該生態缸的其他種類生物。不過，有時候還是得視情況根據該爬蟲類或兩棲類的習性做調整。

❹重點

於此區介紹生態缸，以及該生態缸的重點。

❺了解爬蟲類、兩棲類

介紹該爬蟲類與兩棲類的相關資訊。知道這些資訊就能為牠們準備好適當的飼養環境。

❻準備

介紹製作生態缸時所需的用品。此外，刊於此的照片內容物不但也是事先準備的用品之一，更是其中的特色之物。

❼步驟

於此區介紹打造生態缸的步驟。重點內容會以引導線或文字說明。

❽Check!

於此區介紹打造生態缸的祕訣等等。這部分除了「Check」之外，還包含「Memo」與「NG」這類內容。

Memo ▶與該爬蟲類或兩棲類有關的冷知識。

NG ▶介紹常見的錯誤。希望大家盡可能避開這類錯誤。

❾維護與飼養的重點

介紹維護生態缸的重點與飼養該爬蟲類、兩棲類的重點。可搭配各章於「Theory & Layout」介紹的「維護與飼養的重點」一起閱讀。

本書介紹的爬蟲類與兩棲類

本書總共介紹了22種爬蟲類與兩棲類的生態缸。
下列是依首字筆畫的順序排列。

※粗體字的部分是連同打造生態缸的步驟一併介紹的頁面。

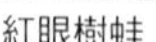
紅眼樹蛙

多趾虎

第1章

一起打造生態缸

生態缸能讓我們與可愛的爬蟲類與兩棲類
一起度過快樂的生活。
為了打造更理想、完成度更高、
對爬寵們更安全的生態缸，
讓我們先了解生態缸的基本知識吧。

生態缸是重現生物棲息地環境的總稱

生態缸是一種總稱，而水族箱或是玻璃生態瓶則是生態缸的其中一種。
生態缸的世界又深又廣，蘊藏著五光十色的魅力。

重現棲息環境的空間

一般認為，生態缸（Vivarium）的語源為拉丁語（或是義大利語這類以拉丁語為起源的語言）。近年來，「viva」被直譯為「萬歲」，但其實viva原本是「生命」的意思，而「～rium」則是「為了～而準備的場所」的意思。

換言之，生態缸就是「為了生命而準備的場所」，也就是重現生物棲息環境的空間。生態缸的定義非常廣，比方說，水族箱（Auqarium）或是玻璃生態瓶（Terrarium）都屬於生態缸的一種。

【何謂生態缸】

生態缸
重現生物棲息環境的總稱，所以也包含「水族箱」這個意思，但一般來說，都是以爬蟲類或兩棲類為對象

- **水族箱**：將水生生物養得美美的，或是為了觀賞水生生物而使用的設備
- **玻璃生態瓶**：將陸生生物養得美美的，或是為了觀賞陸生生物而使用的設備
- **沼澤缸**：將喜歡生長於潮濕環境的植物養得美美的（也包含在這些植物之中生活的生物），或是為了觀賞這類植物而使用的設備

生態缸的魅力

打造生態缸可享受自行「創作」的樂趣

■ 可以觀察生物的真實面貌

基本上，生態缸是喜歡生物的人才會玩的東西。飼主會利用生態缸重現生物棲息的自然環境，讓生物在牠們喜歡的地方進食或是睡覺。飼主也能就近觀察牠們的樣子，享受其中的樂趣，有時甚至會發現生物的另一面，發覺牠們的各種魅力。

此外，製作生態缸的確是需要一些基本知識，卻沒有絕對的正確解答。這是因為那些都是親手打造的生態缸，該生態缸也將是世界上獨一無二的作品。

就過去的印象而言，製作生態缸需要專門的用品，也需要耗費許多時間與精力，所以被視為是少數人才能夠擁有的興趣。但是到了最近，生態缸的種類越來越多，越來越多人也開始享受做工相對簡單的生態缸。

打造生態缸不需要任何證照，而且只要喜歡生物，誰都能一頭栽進這個世界。

需要的用品

■ 需要生物、水缸以及造景用物品

打造生態缸所需的東西主要有3種。

第1種，也是最重要的一種就是生物。一如左頁所述，生態缸通常是為了爬蟲類或兩棲類打造的空間。

第2種則是營造飼養空間所需的飼養箱（水缸）。一般來說，生態缸的材質通常是玻璃或是壓克力，但建議大家使用不容易刮傷，能隨時維持乾淨的玻璃材質製品。

最後一種就是造景用物品。所謂的造景用物品就是墊在下方的底材，或是打造整體空間所需的沉木，以及營造自然氛圍所需的植物。

➡打造生態缸所需的必需用品可參考22頁的說明

飼養箱最好選擇與生態缸相符的種類

製作所需的基本知識

■ 從底座的部分開始製作

一般來說，生態缸會因為生物的種類或是對最終完成品的想像，做法各有不同。但不管是打造哪種生態缸，都少不了一些基本步驟，比方說，會先從「鋪底材」這個打造底座的步驟開始；接著「設置沉木」，打造生態缸的骨架，最後再布置「苔蘚」或是琢磨其他的細節。

那麼要花多少時間製作呢？越講究細節，當然就會耗費越多時間；但是製作簡易版的生態缸，通常只需要1個小時左右就能完成。本書介紹的生態缸也通常能在1天之內就完成。

NG 不要只是一時衝動

生態缸是為了飼養生物而使用的設備，基本上都會陪著生物過完牠們的一生。打造生態缸需要一定的成本，飼養生物也需要空間與時間，所以請大家先檢視自己的各種條件，再開始打造生態缸與飼養生物。

生態缸的種類非常多，為生物量身打造最理想的生態缸吧

雖然都叫做生態缸，但其實種類五花八門，所以先讓我們一起了解有哪些生態缸吧。

■ 簡易的生態缸可在30分鐘之內完成

其實生態缸可以分成非常多種，而本書主要介紹爬蟲類與兩棲類的生態缸。

有些讀者可能會覺得「打造生態缸很難」，但其實有些生態缸很簡單，有些則很困難。本書也介紹了一些只要事先準備好相關材料，就能在30幾分鐘左右完成的生態缸。儘管在製作生態缸的時候，有一些需要注意的事項，但基本上沒有「非得這麼做不可」的規則。選擇適合生物的生態缸，好好享受打造生態缸的樂趣吧。

種類的差異

■ 生態缸內容物會隨著自然環境而異

在打造生態缸的時候，最重要的就是先徹底了解要飼養在其中的生物，尤其是該生物棲息的自然環境。基本上，生態缸就是為了要重現該自然環境的空間，而本書也會在不同的章節，針對「森林」、「荒野」、「水岸」這類自然環境介紹打造生態缸的方法。此外，這些環境分類終究只能作為參考。比方說，有些生物雖然是棲息於「森林」，但還是得為了該生物另外布置水區。

棲息於森林的爬寵生態缸

在爬蟲類與兩棲類的生態缸之中，「森林」可說是最受歡迎的種類了，但棲息在森林之中的生物與其生態缸不但種類眾多，而且類型也雜。如果飼養的生物活動靈敏，就得使用具有一定高度的飼養箱。

➡詳情請見41頁～

棲息於荒野的爬寵生態缸

印象中，荒野是乾燥又荒涼的場所，所以通常不會做得太過複雜。

➡詳情請見87頁～

棲息於水岸的爬寵生態缸

為了讓生物能健康地生活而設置水區的生態缸。

➡詳情請見107頁～

飼養箱的尺寸

■ 基本上要配合生物大小選用飼養箱

在著手打造生態缸之前，需要先想好挑選多大尺寸的飼養箱。

假設想在購買寵物的同時打造生態缸，就有可能得為現在還是幼體之生物，預想長大之後的體型。一般來說，都會依照爬寵體型挑選適當尺寸的飼養箱，越大隻的生物當然得準備越大的飼養箱。相對的，自己家中的空間也要夠寬敞。

此外，也可以在生物體型還比較小的時候，挑選小一點的尺寸，等到長得更大隻之後，再換成大一點的。這種做法的好處在於，如果是將蟋蟀這類餌食直接放在箱內餵食的話，爬寵就能很快抓到這些餌食。

大型的生態缸

由於多趾虎有可能長到40㎝這麼長，為符合其體型所以本書生態缸使用的是高達60㎝的大型飼養箱。

➡照片中的生態缸在64頁

難易度的差異

■ 按部就班地提高難度

如果只是想讓爬蟲類或兩棲類的寵物健康長大，飼養環境不用太複雜。飼主可憑自己的想法隨意布置生態缸，這方面也沒有絕對正確的解答。使用多種造景用物品布置出來的生態缸當然會耗費較多的時間與金錢。但是一開始不需要一步到位，只要慢慢地提升難度就好。本章不僅會介紹相對簡易的生態缸，也會介紹難度偏高的生態缸。

布置簡單的生態缸

用於造景的素材數量較少的話，通常步驟也會相對簡單。

➡照片中的生態缸在28頁

難度較高的生態缸

使用了較多的造景用物品。連背景板都自行製作的話，難度就會提升不少。

➡照片中的生態缸在34頁

地球上有許多爬蟲類與兩棲類，能養在生態缸之中的生物種類也非常豐富

爬蟲類與兩棲類的種類非常豐富，本書也會依照生物分類，介紹不同種類的爬蟲類與兩棲類。

地球上有許多種爬蟲類與兩棲類

一般認為，地球上約有超過1萬種的爬蟲類以及6500種以上的兩棲類。其中能飼養在生態缸裡面的，都是適合在家裡養的種類，也就是有在市面上流通的種類，而且還為數不少。

本書會依照生物分類的「科」，來介紹這些適合養在生態缸之中的爬寵。

壁虎的爬寵

壁虎是相當熱門的生態缸動物

爬蟲類壁虎科的總稱為壁虎，也常被稱做守宮。據說目前約有650種，是相當受歡迎的生態缸生物。多數的壁虎都屬於樹棲性，也就是於樹上生活的種類，主食則是蟋蟀這類昆蟲。

線紋殘趾虎

壁虎科殘趾虎屬

➡詳情請見28頁

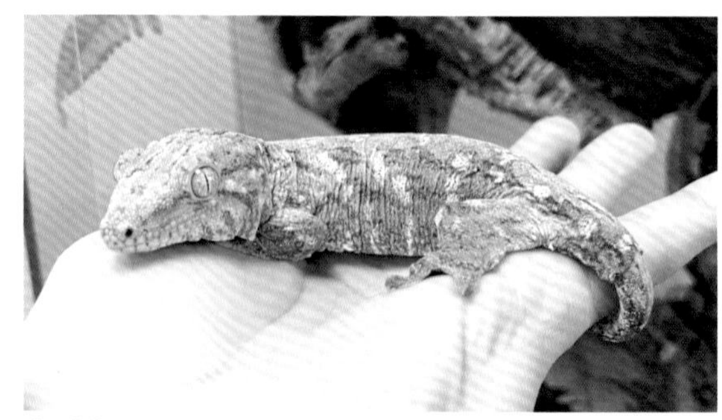

多趾虎

澳虎亞科多趾虎屬

➡詳情請見64頁

睫角守宮

澳虎亞科Correlophus屬

➡詳情請見60頁

條背貓守宮

擬蜥亞科貓守宮屬

➡詳情請見68頁

MEMO

代表日本的日本壁虎

日本國內也有不少壁虎的同類棲息，其中最常見的就是日本壁虎（壁虎科壁虎屬）。在日文之中，壁虎（ヤモリ〔yamori〕）的漢字寫成「家守」，是自古以來都被日本人當成「家庭守護神」的吉祥物。

豹紋守宮（Leopard gecko）
擬蜥亞科擬蜥屬
➡詳情請見96頁

MEMO

壁虎與蜥蜴的差異在於眼瞼（眼皮）

雖然壁虎與蜥蜴不同科，但外觀的確很相似。若問兩者有什麼不同，其中之一的差異就是壁虎通常是夜行性的，蜥蜴則多為晝行性的；仔細觀察牠們的五官也會發現，壁虎沒有眼瞼，而蜥蜴有眼瞼。不過，這只是種普遍狀況，還是會出現例外。比方說，壁虎之一的豹紋守宮其實就有眼瞼。

蜥蜴的爬寵

種類眾多之外，又有些長得帥氣

據說地球上的蜥蜴大概有4500種，比壁虎的種類還多。這些蜥蜴的體型與生態各都不同，甚至有些蜥蜴會讓人覺得簡直是「帥氣的恐龍」。

鬆獅蜥
飛蜥科鬆獅蜥屬
➡詳情請見90頁

大加那利石龍子
石龍子科銅蜥屬
➡詳情請見100頁

各種爬蟲類

高冠變色龍
變色龍科變色龍屬
➡詳情請見72頁

此為白化的個體

日本錦蛇
黃頷蛇科錦蛇屬
➡詳情請見76頁

蛇與變色龍也很受歡迎

除了壁虎與蜥蜴之外，變色龍或是蛇這些爬蟲類也是很受歡迎的生態缸寵物。此外，蛇分成地棲性與樹棲性2種。一般認為，要飼養地棲性的蛇，選擇橫長的生態缸比較合適；樹棲性的蛇則比較適合養在縱長的生態缸。

MEMO

日本沒有變色龍

日本的國內有野生的壁虎、蜥蜴與蛇棲息在大自然之中，但其實沒有野生的變色龍。

青蛙的爬寵

■ 種類非常豐富，為各種蛙類量身打造適合的生態缸

在兩棲類之中，青蛙可說是最具代表性的生態缸寵物。青蛙的種類非常多，棲息的環境也各有不同，所以在為牠們打造生態缸的時候，千萬要為牠們量身打造適合的生態缸。

箭毒蛙（種名／迷彩箭毒蛙）
箭毒蛙科箭毒蛙屬
➡詳情請見34頁

MEMO

箭毒蛙還能再細分成不同種類

箭毒蛙是「箭毒蛙科」的總稱，其中還包含黃帶箭毒蛙、幽靈箭毒蛙這些品種。這些品種的體型大小、體色、花紋都不一樣，但通常分布於中美或南美這些熱帶地區，最明顯的共通之處就是猶如劇毒般的鮮豔體色。

種名／皇冠箭毒蛙

種名／黃帶箭毒蛙
➡生態缸在81頁

種名／幽靈箭毒蛙
➡生態缸在81頁

紅眼樹蛙
樹蟾科紅眼樹蛙屬
➡詳情請見52頁

Check!

仔細觀察生物

生態缸的魅力之一，就是讓我們有機會觀察到生物那些平常難以看到的部分。比方說，蛙類常常會貼在飼養箱的壁面上，此時我們就能仔細觀察牠們的掌心或是腹部了。

白氏樹蛙（照片中的體色與花紋為雪花）
樹蟾科雨蛙屬
➡詳情請見56頁

宮古蟾蜍
蟾蜍科蟾蜍屬
➡詳情請見118頁

蠑螈的爬寵

幼體是鰓呼吸

蠑螈的外觀雖然與蜥蜴相似，但牠們的幼體是利用鰓來呼吸的，所以屬於兩棲類。成體以後會改為肺呼吸與皮膚呼吸，但基本上都於水岸棲息，所以在替牠們打造生態缸的時候，也要另外設置水區。

劍尾蠑螈
蠑螈科蠑螈屬
➡詳情請見110頁

可當成生態缸動物的各種生物

珍奇爬蟲類或是兩棲類的飼養資訊也很稀少

本書也會介紹犰狳蜥的生態缸。此外，雖然飼養那些不常養在家裡的生物，也能享受更獨特的飼養樂趣，但是讓牠們保持健康所需的資訊也相對較少。

犰狳蜥（104頁）

NG 烏龜不適合養在生態缸裡面

烏龜是很受歡迎的爬蟲類，許多人的家裡也都飼養了烏龜。不過，大部分的烏龜在移動時，都會用力地磨擦地面，所以精心打造的生態缸一下子就會被用得破破爛爛。不適合養在生態缸裡面這句話是有點武斷，但大部分的烏龜真的不太適合。

MEMO

品系是個體的顏色或花紋這類特徵都已明確界定的品種

「品系」是爬蟲類與兩棲類的專有名詞之一，不過這個名詞比較新穎，每個人對這個名詞的定義也不盡相同。但基本上是指透過人工交配的方式產生新體色、新花紋的個體，比方說，豹紋守宮或是鬆獅蜥就有許多不同的品系。➡豹紋守宮的品系請見106頁

Theory／製作生態缸的要訣

了解爬蟲類與兩棲類生物，重現棲息的自然環境

在開始打造生態缸之前，要先掌握一些基本知識，
了解要飼養的生物以及其所生活的自然環境尤其重要。

只要了解重點就能順利完成

簡單的生態缸或許只需要30多分鐘就能夠製作完成。如果對爬蟲類或兩棲類很有愛，應該就能樂在其中，不過先了解其中的重點，在打造生態缸的過程就會更順利。

此外，在打造生態缸的時候，也有一些「不該犯的錯」，所以建議大家事先了解這些注意事項。

讓生態缸更有魅力的製作祕訣

了解要飼養的生物

在打造生態缸的時候，最重要的就是了解要飼養的爬蟲類或兩棲類生物。

「能夠健康生活的溫度與濕度」、「平常棲息的場所」、「長大之後的體型大小」或「活動時段與活動量」等等，都是飼主應該事先知道的重點，有時候甚至要根據這些重點去布置生態缸。

了解自然環境

了解要飼養的爬蟲類或是兩棲類生物之後，就要進一步了解該種類生物所棲息的自然環境。

基本上，生態缸就是重現生物棲息環境的空間。如果能夠不矯揉造作地完美重現，就能打造出極具觀察價值的生態缸，也能讓生物毫無壓力地在生態缸之中生活。

觀察各種生態缸

觀察其他玩家打造的生態缸，對於提升自己生態缸的製作完成度會有莫大的幫助。如果遇到會讓你心想「做得非常好耶」的作品，不妨想一想具體來說到底是哪個部分很吸睛，再視情況將這些可取之處放進自己的生態缸中。

製作生態缸的注意事項

■ 要考慮觀察的方便性

在製作生態缸的時候，要先注意所謂的「穩固性」。一旦造景用物品掉落下來，生活於其中的可愛生物就有可能會被壓個正著。所以生態缸完成之後，在將生物放進去之前，要先仔細確認生態缸的穩固性。

此外，也要考慮該種類生物的特性與個體的個性，不要讓牠們溺死或是被夾在布置之中而動彈不得。

另一個重點就是觀察的方便性。如果生態缸做得太過複雜，遮蔭的部分變得太多，就很難找到生物躲在哪裡，也會很難確認牠們的健康狀態。

NG 不要只是因為美觀而布置植物

雖然植物是替生態缸增色的重要素材，但是有些植物萬一不幸被誤食的話，會對生物有害，所以千萬要多加注意。比方說，黃金葛具有毒性就是眾所周知的。在布置植物之前，首先要了解該植物是否具有毒性，如果飼養的生物不會有誤食的可能，那當然就可以拿來布置。此外，就算是布置人造植物，鬆獅蜥這種雜食性的生物也有可能會誤食。所以讓我們進一步了解植物，再視情況適當地布置生態缸吧。

順利製作的祕訣

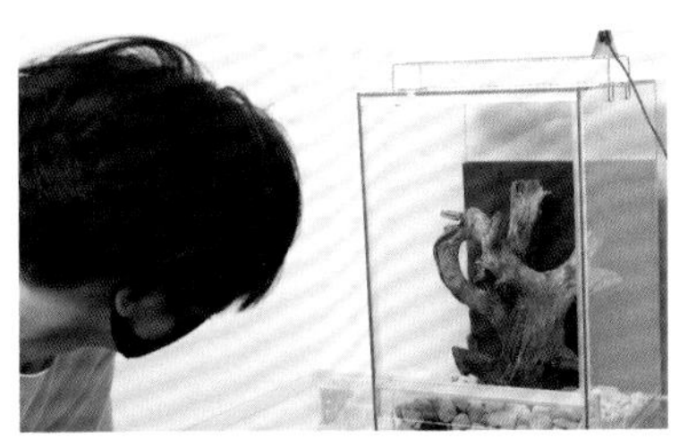

■ 事先想像完成的模樣

要想順利地製作出生態缸，其中的一項重點就是在開始製作之前，先確定好完成的模樣。其實不管做什麼東西，都少不了這個步驟，這也證明事先規劃有多麼重要。

要想確認完成的模樣，可試著將造景用物品擺在生態缸，看看是否符合自己的想像。

■ 臨機應變不同情況

基本上，會以「底座→骨架→細節」的順序打造生態缸，但不需要勉強自己執著於這個順序。比方說，在設置植物的時候，若先鋪好作為底座的底材，之後就有可能為了空出種植植物的空間而把底材挖起來。此外，事先想像完成品的模樣固然重要，但實際布置好之後，也有可能會與想像的樣子不太一樣，此時就必須調整布置。因此，臨機應變非常重要。

讓作業更方便再著手布置

基本上，市售的生態缸飼養箱除了可以打開門，還可以拆掉它。如果覺得拆掉會比較方便布置，不妨先把門拆掉，再開始著手製作生態缸。此外，若是要布置日光燈，不妨先設置好並且開著燈，就能享受到手邊視野變得更清晰的方便性。

飼養箱、底材、打造骨架所需的大型物品以及妝點生態缸所需的植物

依類別準備生態缸所需的物品，就能順利完成準備。
不要忘記準備讓寵物維持健康的用品喔。

■ 挑選適當的給水器與遮蔽處

接下來要介紹打造生態缸所需的物品。基本上要考量的是，先準備好飼養寵物所需的飼養箱，接著要準備鋪在底部的底材或是用來打造骨架的沉木。接著還要準備一些布置生態缸用的素材，比方可以增添色彩的植物與適合的點綴重點。

此外，還得依照生物的健康狀況不同，有必要準備適當的給水器與遮蔽處，這也是能夠營造美感的部分之一。

飼養箱

■ 打造生態缸從挑選飼養箱開始

飼養箱就是限制寵物移動範圍的柵欄或是籠子。飼養箱的尺寸或是形狀有很多種，有些甚至還附有一些方便的功能。所以說打造生態缸是從挑選飼養箱開始，一點也沒有錯。

挑選飼養箱的重點

【尺寸】

基本上，需要依照生物的體型挑大小合適的飼養箱，而且還要考慮生物長大之後的體型。此外，本書所介紹的生態缸都會明確標記出飼養箱本身的尺寸。

箭毒蛙使用的是高度約40㎝的飼養箱

➡生態缸在34頁

【形狀】

大致分成縱長與橫長2種。如果是不會爬樹的寵物，可挑選橫長的類型。

宮古蟾蜍使用的是橫長飼養箱

➡生態缸在118頁

【材質】

一般來說，會使用透明度與強度兼具的玻璃材質。也有金屬網籠製成的飼養箱，而這種飼養箱的優點在於透氣。

高冠變色龍使用的是金屬網籠飼養箱

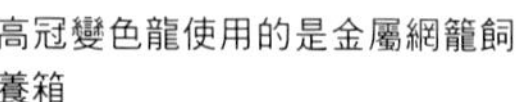

➡生態缸在72頁

【附屬品】

附屬品也是挑選飼養箱的重點之一。比方說，有些飼養箱就會附贈美觀的背景板。

日本錦蛇使用的是附背景板的飼養箱

➡生態缸在76頁

底材

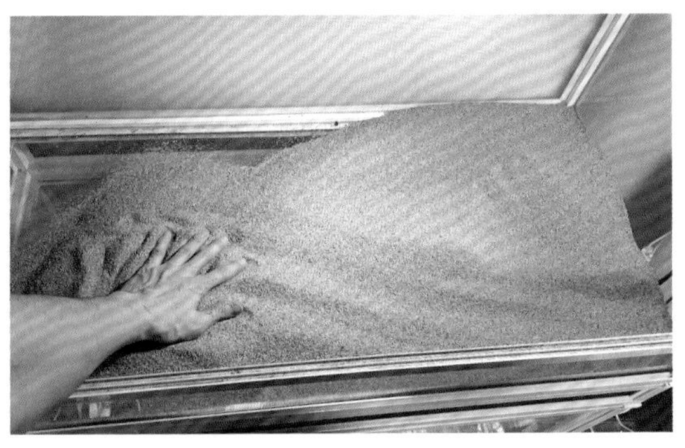

■ 也可以使用輕石這類園藝材料

鋪在飼養箱底部的底材也有非常多種，而且都各具特色。除了適用於爬蟲類與兩棲類的底材之外，也可以使用輕石這類在居家生活賣場銷售的園藝材料。

主要的底材種類

	特　　徵
輕石	素材天然的輕量化岩石。大部分的生態缸為了排水，都會在第1層鋪上輕石
赤玉土	採取自日本關東的壤土（Loam）層的紅土，經過乾燥處理，是非常受歡迎的園藝材料。為顆粒狀而排水性極佳
底沙	除了純天然的沙子，也有將植物材料打成細沙的種類。適合棲息於荒野的生物使用
泥土	將純天然的土壤固化成顆粒狀。市面上有許多這類商品，有些還具有不錯的除臭效果
木屑	將天然的樹木壓成細屑狀。材質有很多種可供選用，例如壓碎松樹樹皮的「Pine Bark樹皮」
寵物尿墊	用作狗或是其他玩賞寵物的廁所之人造吸水墊。很方便購得，也容易更換

用於打造骨架的物品

■ 沉木或是軟木樹皮最為流行

所謂「用於打造骨架的物品」就是決定生態缸製作的方向性，為不容忽視的物品。目前最受歡迎的是沉木，也有很多人使用軟木樹皮樹洞（Cork tube）。此外，軟木樹皮是一個總稱，為剝除山毛櫸科常綠樹「西班牙栓皮櫟」的樹皮軟木組織後再加工而成的素材，這一類的素材通常具有不錯的彈性。

用於打造骨架的軟木樹皮素材

	特　　徵
軟木樹皮樹洞	有空洞的軟木樹皮樹幹或樹枝
軟木樹皮樹枝	軟木樹皮的樹枝
軟木樹皮	軟木製成的樹皮

依照飼養箱或植物的大小，有時觀葉植物也可以當成骨架使用

➡詳情請見56頁

視情況自行加工

在挑選打造骨架的材料時，重點在於「能不能找到並入手符合自己理想的材料」。不過，這些材料往往來自大自然，所以不是那麼好找。比方說，如果大小不太適合的話，可以自行切割或是視情況自行加工。

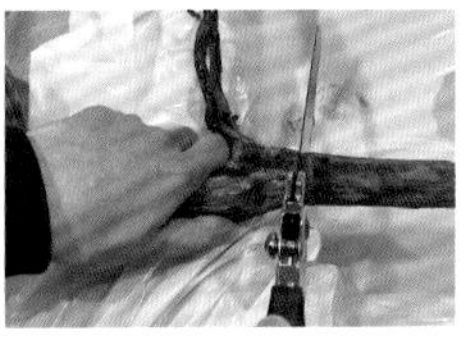

造景用物品／植物

利用觀葉植物或苔蘚提升完成度

若問什麼物品能夠讓生態缸變得「美觀又吸引人」，當然是非植物莫屬，因為植物能替生態缸增添色彩與畫龍點睛。

布置觀葉植物與苔蘚，能讓生態缸的完成度提高不少。最近市面上有在販售許多很漂亮的人造植物，使用這類人造物品也是個不錯的選擇。

此外，部分種類的寵物會需要類似鳥類棲木的植物才能維持健康，所以遇到這樣的狀況時也要為牠們準備這類植物。

飼養用物品／給水器

選擇造型符合自身理想的給水器

地球上的任何生物都需要水分，爬蟲類與兩棲類的生物當然也不例外，所以必須要在生態缸內設置讓生物補充水分的給水器。好不容易將飼養箱的內部裝潢得漂漂亮亮，當然也要選擇一個造型符合自身理想的給水器。

Check!

也可以透過噴霧器給水

雖然前文如此說明，但其實不是所有的生態缸都需要布置給水器。

以下面的例子來說，若是在生態缸的底部設置了高低起伏的高低差，在較低的部分就容易積水。本書於110頁介紹的劍尾蠑螈生態缸就是使用這種方法。

再者，也有些生態缸讓生物攝取水分的方式，是使用噴霧器噴水，讓生物飲用在葉面形成的水滴。之所以採用這種方式，是因為有些種類的生物棲息在自然環境時習性就是如此，牠們反而不會去喝給水器之中的水。

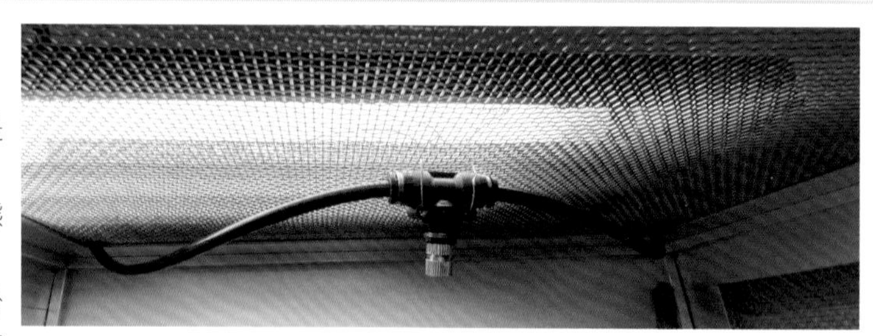

市面上有販售定期自動噴灑水霧的噴霧系統

也有能調節水霧顆粒大小的功能，專為飼養爬蟲類、兩棲類生物設計的噴霧器

飼養用物品／遮蔽處

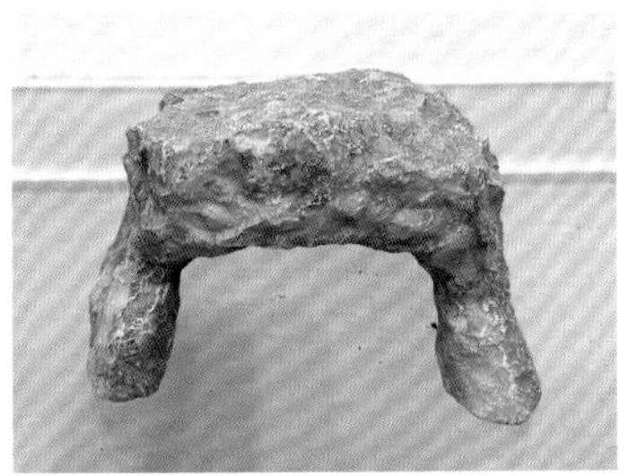
市售的遮蔽處。市面上有販賣許多種類的遮蔽處，請大家仔細考慮後再選購

這是我利用PVC管自行製作的遮蔽處。遮蔽處也是製作者大展身手的所在

➡詳情請見76頁

■ 遮蔽處也要考量到設計性

讓生物有藏身處的構造就稱為遮蔽處。有些種類的生物需要遮蔽處才能減輕壓力。在挑選遮蔽處的時候，當然也要與挑選給水器一樣，注意是否與生態缸有一致的設計性。

飼養用物品／照明燈具

■ 視情況設置

書中使用的照明燈具包含「日光燈」、「加熱燈」與「UV燈」這3種。必須依生物的種類更換燈具，所以得視情況設置不同的燈具。

於生態缸使用的主要燈具

	特徵
日光燈	與房間的燈具相同，方便飼主觀賞生態缸內部的燈具
加熱燈	提升飼養箱內部溫度的燈具。棲息於高溫地區的物種特別需要這種燈具
UV燈	照射出紫外線的燈具。棲息於日照強烈地區的晝行性物種特別需要這種燈具

Check!

控制溫度的方法

飼養箱內通常需要考慮控制溫度的方法，好讓寵物能平安度過寒冷的冬天。一般的做法除了加裝加熱燈之外，也會加裝讓內部整個溫暖起來的加熱器；此外，不只是對飼養箱下功夫，有些飼主甚至會在家中準備專門飼養牠們的房間，然後控制整個房間的溫度之控溫方法。

其他物品

■ 也要準備好黏著劑這類作業所需的用品

本書介紹的生態缸也會使用花藝海綿或是造景用物品固定背景板，有時也會為了美觀而再使用沸石類的造形材料。此外，在製作生態缸的時候，黏著劑是絕對不可或缺的用品。如果會用到這些材料，記得在開始著手製作生態缸之前就先準備齊全。

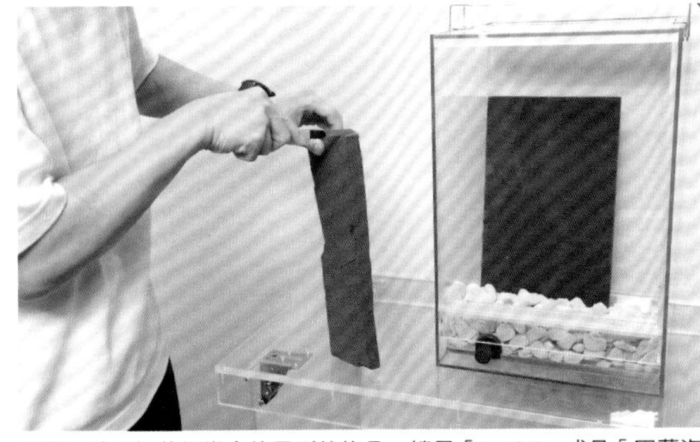
花藝海綿是插花經常會使用到的物品。搜尋「OASIS」或是「園藝海綿」也能輕鬆找到相關的產品

一般來說，在使用沸石類的粉末狀造形材料時，會先溶在水裡，再像是捏黏土一樣，自由地捏成想要的形狀。乾燥之後就會凝固，所以也可以當成物品間的黏著劑使用

Theory 維護與飼養的重點

完成生態缸並不是終點，必須做好養護植物等的維護

製作生態缸固然是件開心的事，但這不過是起點而已。
來學習維持美觀以及讓生物保持健康所需的知識吧。

■ 修剪長得太長的植物

本書會針對製作森林、荒野與水岸這3種生態缸，介紹維護生態缸的方法以及飼養寵物的重點。

在此要透過照片介紹能應用於上述3種生態缸的祕訣，以及共通的注意事項。比方說，當植物長得太多、太亂，就需要動手修剪。

➡森林生態缸的維護與飼養重點請見51頁
➡荒野生態缸的維護與飼養重點請見95頁
➡水岸生態缸的維護與飼養重點請見117頁

維護的重點／植物的養護

植物若是枯死，可以改種其他的植物

■ 將枯死的植物換成其他植物

植物與爬蟲類、兩棲類動物一樣，都會慢慢成長。如果發現植物成長之後的模樣越來越亂，可以利用市售的園藝剪刀修剪。

此外，本書所介紹的生態缸都會使用符合該環境所需的植物，但這些植物還是有可能會因為日照或是根部的生長情況而枯死，此時可改種其他植物。如果不會出現誤食的問題，也可以換成人造植物。

維護的重點／排除底部的積水

■ 飼養箱底部的水可利用虹吸原理排水

尤其是只要有在利用噴霧器替寵物補充水分，或是用來控制飼養箱內部的濕度，飼養箱的底部通常都會積水。為了讓飼養箱內部保持整潔，當然需要排除這些積水。除了使用滴管吸除積水，也可以使用虹吸原理排除積水。

利用虹吸原理排除積水

準備塑膠管。塑膠管可以在居家生活賣場購得

讓塑膠管充滿水之後，將其中一端放在飼養箱的積水處

MEMO

何謂虹吸原理

簡單來說，虹吸原理就是想讓水從較高的出發點，經過管子流到較低的目的地的情況，只要讓管子內部先充滿水，就算中途遇到比出發點還高的位置，一樣能在沒有馬達的情況下，繼續汲取水並流出。

維護的重點／維持環境整潔

發現小昆蟲就要立刻驅除

由於生態缸中使用了許多泥土以及植物，所以常常會長出一些小蒼蠅（果蠅）或是其他小昆蟲。考量到飼養在生態缸中的寶貝爬蟲類或兩棲類的健康，此時不能夠使用殺蟲劑。但如果飼主不做任何處理，這些小昆蟲就會不斷繁殖，所以只要發現小昆蟲，就要立刻驅除。

想辦法杜絕昆蟲孳生

假設沉木或是植物是從野外撿來的，表面的苔蘚可能會帶有一些小蟲子或細菌。如果是沉木或岩石，可「煮沸消毒」或是「利用微波爐加熱」；植物或是苔蘚的話，可以「先洗乾淨再使用」。事先經過處理，就能避免昆蟲孳生。

親自去山裡尋找符合理想的素材，也是打造生態缸的樂趣之一，但記得要先處理好這些素材，以避免小昆蟲或是細菌孳生。

飼養的重點／餵食的方法

餵食蟋蟀的3種方法

在飼養環境下生活的兩棲類或爬蟲類生物會吃各種餌食，而其中最流行的就是蟋蟀。除了以鑷子將蟋蟀餵給寵物吃之外，還有其他2種餵食方法。

利用鑷子餵食

這種方法可近距離觀察進食的模樣，也能與生物互動。不過，需要等待生物習慣這種餵食方式。

將活蟋蟀放在飼養箱裡面

對飼主來說，這種餵食方式比較省事，也比較接近自然中的狀態。不過，飼主必須要清掃吃剩的蟋蟀。

放在容器裡

將冷凍的蟋蟀放在小盤子裡，讓生物在想吃的時間自行進食。

設計餵食的方法

如果要餵食蟋蟀，可再撒一些市售的爬蟲類專用鈣粉或維生素粉在蟋蟀上，好維持寵物的健康。此外，蟋蟀的後腳會比較難以消化，所以可先摘除後再餵食。摘除的方法很簡單，只需要用鑷子或是直接用手出力抓住蟋蟀後腳比較粗的部分，蟋蟀就會為了逃跑而自行扯掉後腳。

能夠欣賞小型爬蟲類置身於美麗環境的小巧玲瓏生態缸

學會生態缸的基本知識之後，總算要著手打造生態缸了。
首先介紹的是相對簡單又小巧的生態缸。

正面

Close Up

將作為骨架的沉木當成樹根來使用

從正面偏左的角度觀賞。考量到整體空間的協調性，只放了1株觀葉植物

■ 小巧且素材較少，大概10分鐘就能完成

這是初學者也能輕鬆學會的小型生態缸。這次的生態缸爬寵為線紋殘趾虎，牠算是小至中型的爬蟲類，體型較大的線紋殘趾虎大概可以長到15㎝左右。為了符合牠的體型，特別挑選了寬22㎝×深22㎝×高33㎝的小型飼養箱。此外，這座生態缸沒有使用太多的沉木、植物等造景用物品，若是熟悉操作流程的話，大概10分鐘就能完成，就算是新手也可以在30分鐘內能完成。成品美觀的重點之一就是配置樹枝，而且還故意挑選了看起來有點髒的樹枝。

能飼養於相同環境的其他爬寵

- 日本壁虎
- 箭毒蛙
- 雨蛙

※其他的小型壁虎或是青蛙等等

重點

■ 準備小型的飼養箱

這次依照生物的體型選擇了小型的飼養箱。相較於大型飼養箱，使用小型飼養箱製作比較容易打造出想要的生態缸，也比較容易維護。

■ 利用樹枝提升完成度

首先在底材表面鋪一層苔蘚，接著將斷掉的樹枝刺在上面，或是讓樹枝橫放在上面，營造出近似於自然中的環境。此外，還將較粗的樹枝設置成陷入苔蘚中，讓苔蘚就像是避開掉在地面的樹枝般生長。

了解線紋殘趾虎

■ 是壁虎之中少見的晝行性

晝行性壁虎就是在有太陽的白天時間帶進行活動的壁虎。線紋殘趾虎的日文名字之中就暗藏著「白天」的意思。這種晝行性壁虎有很多品種，而線紋殘趾虎的特徵在於其鮮綠色的體色，以及身體側面的紅黑色條紋。主要的分布地點為孤立於非洲大陸東南部的馬達加斯加島。馬達加斯加島上的每個區域的氣候不盡相同，而線紋殘趾虎喜歡在溫暖或是高溫的環境下生活。

壁虎通常是夜行性動物，但剛剛也提到，線紋殘趾虎是晝行性動物，喜歡在白天活動。儘管牠們的警戒心很強，但只要熟悉了環境，就不太會躲在陰影底下，我們也就能常常欣賞到牠那美麗的姿態了。

【生物資料】

- **種屬**／爬蟲類，壁虎科殘趾虎屬
- **全長**／約10～15㎝
- **壽命**／約5～10年
- **食性**／動物（以蟋蟀這類昆蟲為主）
- **外觀特徵**／體色呈鮮綠色，身體側面帶有紅黑色的線條
- **飼養重點**／與大部分的爬蟲類一樣，必須在天氣變得寒冷時，維持飼養箱內部的溫度。建議讓全年的溫度維持在20～30度之間、讓濕度維持在60～80%之間。

  另外牠的移動速度很快，要小心牠會逃脫。

  牠們除了吃活蟋蟀或是其他昆蟲（冷凍昆蟲也可以），主要吃昆蟲果凍或是睫角守宮專用的人工飼料。

準　備

【飼養箱等】
飼養箱▶尺寸寬約21.5㎝×深約21.5㎝×高約33.0㎝／玻璃製
照明燈具▶UV燈

【造景用物品】
底材▶輕石／木屑（Pine Bark：松樹皮）
骨架▶沉木／樹枝
植物▶觀葉植物（小型植物1種）／苔蘚（大灰苔）

【飼養用物品】
給水器▶爬蟲類專用給水器

■ 將沉木當成樹根來使用

其中最重要的重點就是打造骨架的沉木。這次選擇了外型適合當成樹根使用的沉木。

簡易生態缸的事前準備

■ 大型生物要更加注意

有些「才正要製作打造生態缸」的初學者，其中有些人要飼養的生物是體型大型的吧。此時不妨簡化造景用物品，就能打造相對簡易的生態缸。

不過，飼養箱基本上要根據生物的體型挑選適當大小的尺寸，所以若飼養的是大型生物，那麼就得跟著選擇大型的飼養箱，也要選用相對大型的素材。體型較大的生物通常比較有力氣，而較大的素材也比較重，所以在布置時得想辦法牢牢固定好才行。

大型生態缸有更多要注意的部分

■ 造景用物品的重點在於形狀

在打造生態缸的時候，配置造景用物品的位置固然會影響生態缸的美觀與否，但素材的形狀或是顏色也更是左右美感的關鍵。比方說這次替線紋殘趾虎打造的生態缸只用了少許的造景用物品，所以更要講究它本身的形狀。

沉木或是軟木這類素材可以於爬蟲類專賣店購得，也可以從網路商店或是網路拍賣購得，而且沉木也有專賣店，大家可以自行選購符合自己理想的沉木。

MEMO

一開始不需要太過複雜

在打造生態缸的時候，請告訴自己「一開始不需要太過複雜」。比方說，如果之前的底材都使用寵物尿墊，那麼只需要換成木屑就能營造出截然不同的印象。

此外，請大家務必記得，生態缸的目的在於讓生物健康地生活。更進一步地說，還請各位謹記，生態缸並不是用來與別人一較完成度高低的作品。

步　驟

步驟❶ 鋪上底材

❶想像完成的模樣

放好飼養箱，想像完成之後的模樣。

❷鋪上輕石

在飼養箱底部全都鋪上滿滿的輕石。

❸鋪上木屑

在輕石的上面鋪滿木屑。

步驟❷ 設置苔蘚與給水器

❶鋪上苔蘚

在木屑上面鋪滿苔蘚。如此一來，地面就是由輕石、木屑、苔蘚這3層素材所組成。

❷設置給水器

設置給水器。放置的位置要選在飼養箱內的角落附近。

製作簡易生態缸的方法

■ 不先想好完成的樣子，有可能要重做

在開始製作生態缸之前，一定要先仔細確認完成的樣子應該是什麼模樣，這點十分重要。這一點不僅限於製作簡易的生態缸，尤其是希望初學者要更注意這件事。

這一點之所以如此重要，在於沒先確認好完成的樣子就動工的話，會讓整個作業流程變得很沒效率。比方說，在此例中故意留出一塊沒有鋪苔蘚的位置，以便後續設置給水器。

臨機應變固然重要，但是毫無章法地進行下去，往往會讓人覺得「做生態缸好麻煩」，也就不會樂在其中了。

不先想好就施工，很有可能得將「鋪好的苔蘚重新挖起來」而重做

步驟❸ 打造骨架

❶設置沉木

第一步是設置沉木，打造生態缸的骨架。設置完成後，要確認是否穩固。

Check!

觀察沉木或植物的外觀

一如人類有最美麗的狀態，沉木與植物也有各種外觀，找出最好看的觀賞角度，就算是同樣的素材，正面與背面的外觀也會完全不一樣。所以在設置時要記得從不同的角度觀察，找出它們最漂亮的那一面。

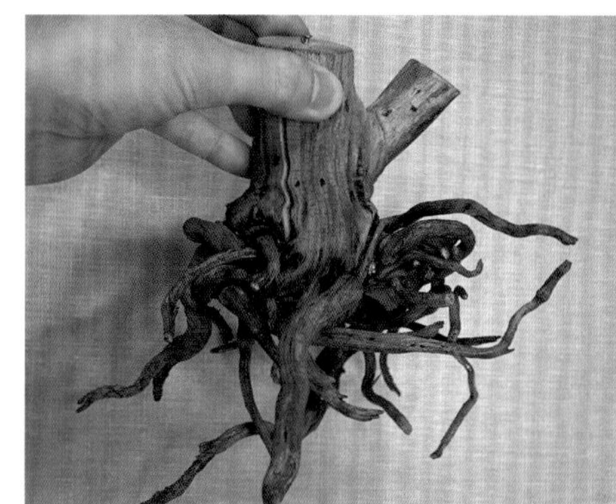

水平旋轉沉木或植物，有時就能找到觀賞角度最漂亮的那一面

步驟❹ 設置植物

挖掉部分苔蘚，再於底材挖出一個坑洞，然後將觀葉植物從盆中取出，種在剛剛挖出來的洞中

❶設置植物

設置觀葉植物這項主要的造景用物品。

MEMO

觀葉植物可於日本百元商店購得

在日本除了在花卉專賣店可以買到觀葉植物，有時也能在常見的百元商店買到。

布置簡易生態缸的祕訣

■配置素材時，要留意到自然環境

造景用物品到底該配置於何處？這往往是讓人傷透腦筋的問題。尤其在布置簡易的生態缸時，更是無法利用其他的造景用物品蒙混過關，所以才會讓人這麼傷腦筋。

解決這項問題的關鍵字就是「想整體協調的話，要盡可能模仿自然的生態」。換句話說，就是「布置要合理」。以這座線紋殘趾虎的生態缸為例，就是利用「樹木（沉木）搭配綠葉」，這樣常見於自然環境的組合來做到這點。

讓沉木的樹枝混於葉子之中的配置方式

步驟⑤設置素材並收尾

❶設置較細的樹枝

接下來是提升完成度的步驟。可在觀葉植物前面設置小樹枝。

❷設置較粗的樹枝並收尾

接著是設置較粗的樹枝。確定整體是否協調、素材是否牢靠後，再視情況微調就完成了。

➡完成的生態缸在28頁

簡易生態缸的收尾法

■關門時，不要夾到生物

在製作生態缸的時候，最優先的任務就是讓生物能夠安全地生活。雖然這次介紹的小巧生態缸比較不會有造景崩塌的問題，但是在將生物放進去之前，還是要再三確認設置好的素材是否有牢牢固定住。

此外，在放入生物時千萬要小心，不要讓生物趁機脫逃，也不要在關門時夾到牠們。

另一項注意事項就是生態缸不是製作完成就結束了。要是覺得有所不足，可以在日後追加一些植物或樹枝。

維護與飼養的重點

【維護重點】

■衛生方面的維護

從本書第2章之後的分類來看，線紋殘趾虎的生態缸屬於「棲息於森林的爬寵生態缸」。與森林生態缸的維護重點（51頁）是通用的，例如可以用鑷子夾出爬寵的排泄物。

【飼養重點】

■管控生物的水分補給與濕度

飼養重點也與森林生態缸的（51頁）一樣。

此外，這座生態缸雖然設置了給水器，但為了讓寵物能補充足夠的水分，以及維持生態缸之內的濕度，建議每天噴霧1到2次。

利用各式各樣的素材、花費心思，打造別出心裁的生態缸

接著要介紹別出心裁的箭毒蛙生態缸。
生態缸的難度較高，建議在熟悉製作流程之後再挑戰。

正面

Close Up

利用沉木與觀葉植物、苔蘚重現箭毒蛙棲息的叢林氛圍

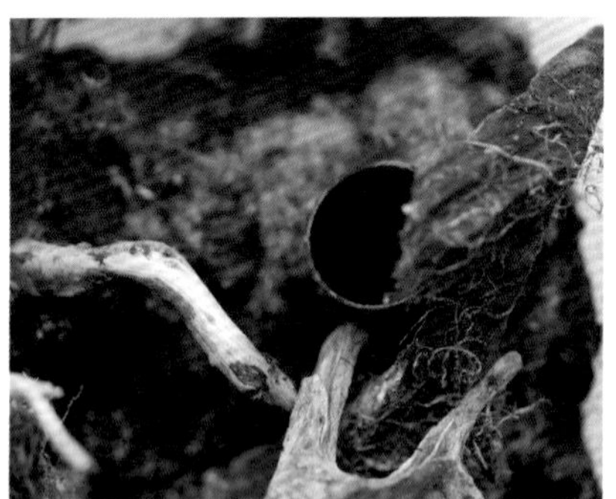

利用市售的底片盒完美布置好箭毒蛙的產卵處

能飼養於相同環境的其他爬寵

- 日本樹蟾

※其他的小型青蛙等等

■ 重現大自然的部分景色

這是在本書介紹的生態缸之中，製作步驟最為複雜的例子。除了在沉木裝飾多種觀葉植物與苔蘚，還利用市售的底片盒打造箭毒蛙的產卵之處，使用了許多造景用物品，連背景板都是自行製作的。這次是以「擷取箭毒蛙棲息的自然環境一景」之概念打造這座生態缸。

該如何收尾全憑自己的想法

許多人都很喜歡飼養箭毒蛙，也常有機會看到精心打造的箭毒蛙生態缸，所以大部分的人也都會知道，這類生態缸的「難度較高」。不過，到底要多講究，全在飼主的一念之間。比方說，本書就於44頁介紹了相對簡單的箭毒蛙生態缸。

重　點

■ 使用多種觀葉植物與苔蘚

這次為了打造箭毒蛙棲息的熱帶雨林，使用了種類豐富的觀葉植物與苔蘚，也在背景板上緣設置了苔蘚，整體配置得更有協調性。

■ 自行製作傾斜的背景板

為了打造更逼真的自然環境，特地將背景板製作得越接近下緣越厚的傾斜狀態。

範例之中的背景板就像山的剖面般，越接近下緣厚度越厚

生態缸別出心裁的重點

■ 利用偏紅的素材增色

大部分的觀葉植物葉子都是綠色的，但是有些觀葉植物的葉子是偏紅的。如此一來就能營造萬綠叢中一點紅的點綴效果。不過要注意的是，如果生態缸之中的顏色過於紛亂，就會缺乏協調性，所以布置時一定要注意整體的協調性。

■ 故意使用看起來有點髒髒的素材

這次在布置箭毒蛙生態缸時使用的沉木之中，有一個是從我之前的熱帶魚水族箱拿來的。於其表面附著的乾燥水藻，也是當時留下的。這些水藻的樣子很美，也讓整座生態缸的完成度提升了不少。

在模型的世界裡，有一種名為「舊化」的技法，也就是故意將物品塗成老舊、傷痕累累的質感，藉此賦予真實感的技術。在生態缸的世界裡，也有故意使用看起來有點髒的素材，提升完成度的技巧。

了解箭毒蛙

黃帶箭毒蛙

■ 日本市面上的箭毒蛙不具毒性

「箭毒蛙」不是專屬某種青蛙的名稱，而是一個總稱，指的是箭毒蛙科的青蛙。大部分的箭毒蛙都分布於中南美洲一帶，主要棲息於熱帶雨林。

棲息在當地自然環境下的箭毒蛙具有毒素，當地的原住民也會在吹箭的箭頭抹上箭毒蛙的劇毒液，並用來打獵，所以箭毒蛙也因此得名。不過，箭毒蛙的毒性來自吃食白蟻這類有毒生物，而在日本市面上流通的箭毒蛙都是吃沒有毒性的餌料長大的，所以也不具毒性（台灣合法販售的箭毒蛙亦同）。

【生物資料】

- **種屬**／兩棲類，箭毒蛙科箭毒蛙屬
- **全長**／約2.5～6㎝
- **壽命**／約10年
- **食性**／動物（愛吃螞蟻這類昆蟲）
- **外觀特徵**／配色鮮豔，有些品種甚至帶有金屬光澤
- **飼養重點**／因原本棲息於熱帶雨林，所以一旦進入較寒冷的季節，就要特別注意溫度，不過，箭毒蛙也不適合太過高溫的環境，所以讓溫度全年維持在26～28度最為理想。此外，箭毒蛙喜歡非常潮濕的環境，所以可利用噴霧器維持濕度。在餵食方面，可餵蟋蟀這類活著的昆蟲，不過箭毒蛙的體型較小，所以餵食時也要選擇體型較小的昆蟲幼體。

準　備

■ 讓箭毒蛙產卵的底片盒

生活在自然環境的箭毒蛙會於鳳梨科這類植物的葉子夾縫之積水處繁殖。這次為了重現這樣的環境，特別使用了供箭毒蛙產卵所需的市售底片盒。

【飼養箱等】

飼養箱▶尺寸寬約30.0㎝×深約30.0㎝×高約45.0㎝／玻璃製

照明燈具▶日光燈

【造景用物品】

底材▶輕石／赤玉土

骨架▶沉木（多種：也使用又細又小的素材）

植物▶觀葉植物（多種）／苔蘚（多種）

其他▶花藝海綿（當作背景板的底座）／利用沸石打造的造形材料（裝飾背景板表面或是用來固定植物）

【飼養用物品】

給水器▶爬蟲類專用小型給水器

遮蔽處▶產卵專用的底片盒

生態缸別出心裁的事前準備

■ 準備各式各樣的植物

地球的自然非常富饒，植物也與爬蟲類或兩棲類一樣種類繁多。只要用心觀察身邊的自然環境，就會發現許多植物在我們的四周。

基本上，生態缸的目的就是要重現自然環境，所以使用的植物種類越豐富，完成度自然越高（但還是要顧慮整體的協調性）。這次除了準備了觀葉植物，還準備了許多種類的苔蘚。

在此準備了4種的苔蘚

步驟

步驟① 鋪上底材

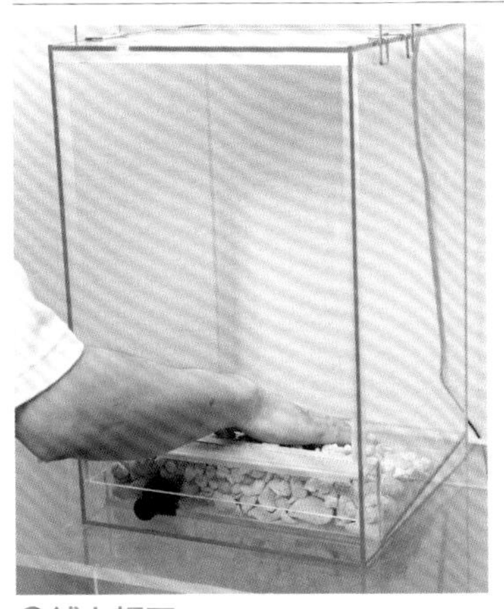

❶鋪上輕石

放好飼養箱，想好最終完成的模樣，在底部鋪滿輕石。

Check!

整理好作業環境

在實際著手打造之前，如果覺得拆掉飼養箱的門會比較方便作業，不妨先把門拆掉、先設置好日光燈並開著燈，操作上就會更加順利。

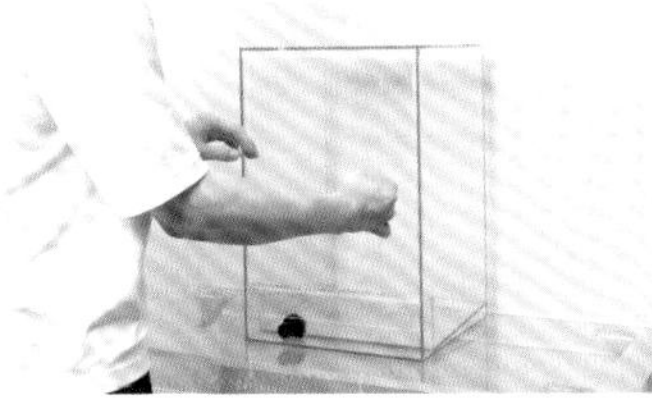

如果是能拆掉門的飼養箱，可先拆卸再開始布置

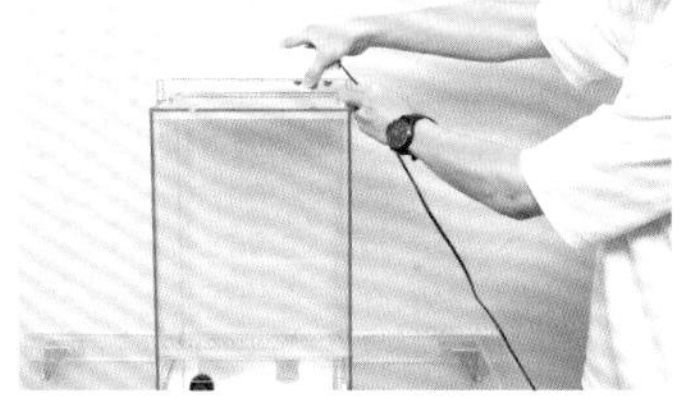

如果打算設置日光燈，可先用好

花藝海綿可視情況用美工刀裁切成適當的大小或形狀

❷設置花藝海綿

這座生態缸的背景板是自製的，所以先設置作為背景板底座的花藝海綿。

這邊為了調整高度，而讓下方的花藝海綿擺成橫向

❸確認花藝海綿

設置好花藝海綿之後，確認其高度是否適當。

❹鋪上赤玉土

為了美觀以及維持飼養箱內部的濕度，在輕石上面鋪一層赤玉土。

Check!

適時使用噴霧器

在打造生態缸的時候，適時地使用噴霧器可讓製作過程變得更加順利。這邊在鋪好赤玉土之後，對著花藝海綿與赤玉土噴霧，讓花藝海綿吸飽水分、變得更穩固而得以暫時固定住；赤玉土也不會有漫天飛舞的塵土。

步驟❷ 製作背景板

❶想像完成的模樣

由於要用於背景板上的造形材料一旦乾燥了就會沒辦法修改，所以要先試著擺放沉木的位置，想像完成的模樣。

Check!

使用市售的造形材料

這個範例是使用含有沸石的市售造形材料作為背景板。這類造形材料要溶於水後使用，操作本身很像是在捏黏土，所以並不會太過困難。

❷塗抹造形材料

將造形材料抹在花藝海綿表面，並且也要抹在花藝海綿的四周，藉此固定住。

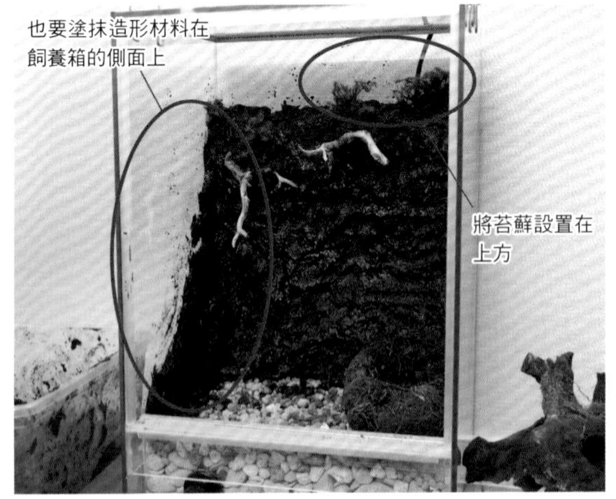

❸確認背景板完成的模樣

塗抹好造形材料之後，確認背景板完成的模樣。

生態缸別出心裁的背景板

■ 也有市售的背景板

背景板是決定生態缸完成度的一大要素，而這個範例為了重現自然環境的形象而決定自製背景板。這種手作背景板的優點之一就是能插入素材，藉此固定位置。

此外，市面上也有許多不錯的背景板能夠運用在生態缸中，使用這類產品也是一種不錯的選擇。

彷彿岩壁般的市售背景板

也有以古代壁畫為主題的商品

步驟❸ 打造骨架

❶設置沉木

設置打造生態缸骨架的大型沉木。

❷確認骨架的最終模樣

設置好大型沉木之後，檢查一下沉木的角度是否適當，確認完成的模樣。

步驟❹ 設置造景用物品

❶設置觀葉植物

完成生態缸的骨架後，接著要設置造景用物品。首先從觀葉植物開始。

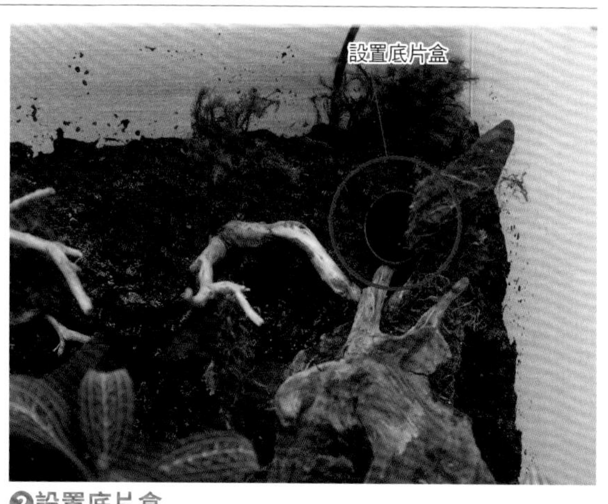

❷設置底片盒

將產卵用底片盒埋入造形材料之中完成設置。

❸塗抹造形材料

視情況在設置完成的植物之根部周圍塗抹上造形材料。

❹確認設置結果

大致設置好以上素材之後，確認一下整體外觀是否協調。

步驟5 調整細節並收尾

❶設置給水器

箭毒蛙的生態缸必須要有給水器，所以在此設置了給水器。

❷在背景板補放苔蘚

如果覺得背景板有些不足的感覺，可以試著補放一些苔蘚。如此一來就完成了。

箭毒蛙體型很小，所以要小心不要讓牠脫逃

❸放入生物

完成布置之後將門裝回去，再將生物放進生態缸中。要小心的是，別在關門時，夾到生物了。

➡放入生物與關門之前的完成後生態缸在34頁

Check!

也可採用減法布置

收尾後稍微退後幾步，從稍遠處確認飼養箱內部整體的協調性。如果認為有些設置好的素材很多餘，也可以拆掉。

原本考慮在植物的根部設置一些苔蘚，但考慮到整體的協調性而放棄了

生態缸別出心裁的完成模樣

■ 拿捏美觀與觀察方便性的平衡非常重要

在別出心裁地打造生態缸的同時，想要呼籲大家注意的是，別因為布置了太多素材，導致難以觀察生物。一般來說，要是從不同觀察角度所能見到的大多都是陰影處，就會難以確認生物的健康狀況。建議大家在替生態缸收尾的時候，要拿捏美觀與觀察生物方便性的平衡。

為了可以好好欣賞有設計感的背景板，特意不配置太多素材的生態缸

維護與飼養的重點

【維護重點】

■植物的維護

基本與「棲息於森林的爬寵生態缸」之維護重點（51頁）相同。在此使用了大量植物，所以要特別花心思照顧，比方發現植物枯死就要換上新的植物。

【飼養重點】

■管控生物的水分補給與濕度

飼養重點也與森林生態缸（51頁）一樣。此外，在此雖然設置了給水器，但為讓生物能補充足夠水分，以及維持生態缸內的濕度，建議每天噴霧1到2次。

第2章

棲息於森林的爬寵生態缸

本章介紹的多半是整天在樹上生活的生物，
也就是樹棲性或半樹棲性的生態缸。
主要介紹的對象是青蛙與壁虎（守宮），
這也是最受歡迎、最讓人有成就感的一種生態缸。
在打造時，也要注意是否留有生物活動的充足立體空間。

留意能夠活動的立體空間，打造出充滿綠意又美觀的生態缸

森林主題是最受歡迎、最流行的生態缸。
在實際著手打造之前，讓我們先了解其中的重點吧。

■ 森林生態缸是最流行、也最容易有成就感的

本書將生物棲息的各種自然環境分成不同的章節，並介紹各種環境的生態缸，其中之一的森林可說是最受歡迎、最具製作與觀賞樂趣的一類。

基本上森林生態缸為了重現自然環境，通常會布置植物。充滿綠意的生態缸成品在外觀上，看起來也的確美不勝收。

製作這類生態缸的重點在於「立體感」，也就是說空間除了讓生物能夠水平活動，也要能夠垂直活動。

自然環境與呈現的重點

這是森林生態缸主題的例子之一。可看到鬱鬱蔥蔥的樹木

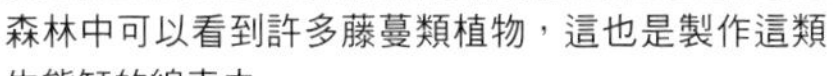
森林中可以看到許多藤蔓類植物，這也是製作這類生態缸的線索之一

這是自動噴霧的噴霧系統

■ 呈現的形象是叢林

本章介紹的是箭毒蛙這類青蛙與多趾虎這類壁虎的生態缸，兩者的共通之處在於棲息地都是綠意盎然的森林環境。

說的具體一點就是，像南美洲的「亞馬遜」或是「叢林」這一類的自然環境。

這類森林植物的特徵為，通常都擁有相當濃厚的色彩。為了在生態缸中呈現這點，有時會使用人造植物。

至於氣候，基本上就是高溫潮濕的環境。

在生態缸飼養寵物時，要維持內部的溫度，尤其是在天氣轉涼時要特別注意；濕度方面也要利用噴霧器或噴霧系統定時噴霧，避免內部變得過於乾燥。

棲息於森林的生物之特徵與飼養環境的重點

鳳梨科的植物很適合箭毒蛙的生態缸，實際上也是許多玩家的愛用植物

■ 配合生物的生理構造與生態

本章介紹的生態缸，對象主要是樹棲性或是半樹棲性的生物。

所謂的樹棲性是指平常幾乎都待在樹上生活的習性；而半樹棲性習性則是一半的時間待在樹上、另一半則待在地面上。這類生物的生理構造通常都很適合爬樹，比方說，變色龍的手掌形狀很適合抓住樹枝、還長有尖尖的爪子。所以在為這一類的生物打造飼養用的生態缸時，當然也要具有相同的自然環境，設置一些供牠們攀爬的東西。由於活生生的樹木難以找到適合生態缸的大小，也很不好照顧，所以通常會使用沉木或是軟木樹皮打造的素材。

此外，生物在自然環境時的生態，也會影響布置生態缸的內容物。比方說，箭毒蛙常常會在葉子與葉子之間形成的小水窪產卵，所以形狀適合蓄水的鳳梨科觀葉植物就很適合用來布置箭毒蛙的生態缸。

在缸中布置鳳梨科的植物，重現亞馬遜的叢林

在此要利用鳳梨科植物打造箭毒蛙的生態缸，
藉此介紹森林爬寵生態缸的重點。

正面

Close Up

鳳梨科植物很常用來布置箭毒蛙的生態缸

一旦布置多種苔蘚，生態缸的觀賞價值就提升不少

能飼養於相同環境的其他爬寵

- 日本樹蟾

※其他的小型青蛙等等

■ 大量使用鳳梨科植物

相較於在前面34頁介紹的箭毒蛙生態缸，這次的生態缸相對簡單，製作難度也比較低。如果大家是「要首次挑戰製作箭毒蛙生態缸」的初學者，不妨就從這個範例開始製作吧。

這個生態缸的一大特徵在於，使用了許多種類的鳳梨科觀葉植物。

MEMO

五花八門的生態缸

箭毒蛙是經常會飼養於生態缸的生物之一。由於箭毒蛙的體型不大，飼養箱內能發揮創意的空間也會多一些，所以可以看到五花八門的類型。

重點

■ 適度配置鳳梨科植物

鳳梨科植物是所有屬於鳳梨科植物的總稱，通常是指原產於中南美洲的鳳梨科觀賞植物，所以與棲息地同為中南美洲的箭毒蛙非常合拍。使用鳳梨科植物布置的重點，在於均衡地配置飼養箱內的這些植物。

■ 利用紅色的葉子點綴

生態缸也非常重視色調。在此以鳳梨科植物的紅色葉子創造了畫龍點睛的效果。

■ 利用苔蘚營造潮濕地帶的氛圍

苔蘚可營造潮濕地帶的氛圍，完美模擬箭毒蛙的棲息地。

森林生態缸的重點

■ 善用空間

製作森林生態缸通常會使用具有一定高度的飼養箱，而且會選擇空間大到足以設置素材的尺寸。不過要多加注意空間的平衡，避免空落。

在飼養箱上方配置植物、重現森林環境的生態缸

➡照片中的生態缸在60頁

■ 靈活地發揮創意

要是空間夠大，也就等於是製作者更能多下功夫去布置。能否靈活發揮創意將是提升作品完成度的關鍵。

不使用常見的沉木，改以人造藤蔓當作骨架，也是不錯的選擇

➡照片中的生態缸在72頁

■ 確認穩固性

像這種一層層往上堆疊的物品，要特別重視防止素材掉落的問題。生態缸完成之後，要先確定素材已經徹底固定好，再將生物放進去。

若利用黏著劑固定的話，就要等到黏著劑完全乾燥，才能將生物放進去

➡詳情請見62頁

了解箭毒蛙

最受歡迎的生態缸爬寵之一

在各種生態缸爬寵之中，箭毒蛙可說是其中最受歡迎的一種。

箭毒蛙最大的魅力在於牠美麗的體色，沒有多少生物能像箭毒蛙這般，體色帶有金屬色澤，而且色彩組合還五花八門。

另一項特徵則是2.5～6㎝的嬌小體型，所以能以小型的飼養箱飼養。

由於箭毒蛙的棲息地是熱帶雨林，所以讓我們配合此形象，打造生態缸吧。

➡箭毒蛙的生物資料請見34頁

森林生態缸的爬寵

樹棲性及半樹棲性生物的生態缸

本章介紹的是，棲息於樹木叢生之處的樹棲性生物與半樹棲性生物之生態缸。其中的爬寵包含青蛙、壁虎，以及不屬於上述2類的變色龍與蛇。

本章介紹的物種

【蛙類】

紅眼樹蛙
棲息於熱帶雨林的蛙類，紅眼非常吸睛。
➡詳情請見52頁

白氏樹蛙
眼睛大大，模樣可愛的蛙類。
➡詳情請見56頁

【壁虎類】

多趾虎
在壁虎之中，體型算大的種類，體型較大的可以長至全長40㎝左右。
➡詳情請見64頁

睫角守宮
頭上如王冠般的突起物是其特徵。
➡詳情請見60頁

條背貓守宮
邊抬起尾巴邊走路的模樣很像貓。
➡詳情請見68頁

高冠變色龍
在各種變色龍之中，特別受歡迎的物種。
➡詳情請見72頁

日本錦蛇
本書介紹的是白化錦蛇的生態缸製作範例。
➡詳情請見76頁

準備

■除了綠葉以外，也要準備紅葉的鳳梨科植物

雖然各個種類的生物習性都不同，但棲息於森林的爬寵生態缸基本上，都會設置綠意盎然的植物，只要如此就能打造美不勝收的成品，而且這次還特別準備了紅葉的鳳梨科植物。

上方照片是事先準備好的所有植物，實際製作時只從中選用部分素材

【飼養箱等】

飼養箱▶尺寸寬約30.0㎝×深約30.0㎝×高約45.0㎝／玻璃製

照明燈具▶日光燈

【造景用物品】

底材▶輕石／赤玉土

骨架▶沉木

植物▶觀葉植物（以鳳梨科植物為主，藤蔓類植物為輔）／苔蘚（4種）

其他▶花藝海綿（用作背景板的底座）／利用沸石打造的造形材料（裝飾背景板表面或是用來固定植物）

【飼養用物品】

給水器▶爬蟲類專用小型給水器

森林生態缸的造景用物品

■準備好的素材決定了完成度的高低

一般來說，在打造森林生態缸時，會選擇高一點的飼養箱，方便會爬樹的生物能爬上爬下、立體地活動。由於空間比較大，能著墨的空間也比較多，許多愛好者也都為自己的爬寵打造了美輪美奐的生態缸。先根據自己的想法準備適當的素材，才能夠打造完成度較高的生態缸。

【飼養箱】

一般會選用高度較高的飼養箱。這類飼養箱的選擇很多，比方說，高冠變色龍（72頁）的飼養箱就使用了天花板與牆面都是金屬網籠的製品。

市面上也有販賣看起來很時髦的背景板

➡照片中的生態缸在76頁

【底材】

棲息於森林的爬寵生態缸所具有的特徵之一，就是有很多底材可以選用。如果為了後續的維護著想，選擇寵物尿墊也是個不錯的選擇。

尤其飼養的是樹棲性生物時，許多愛好者喜歡使用寵物尿墊當底材

➡照片中的生態缸在72頁

【植物】

在各種造景用物品之中，最需要用心挑選的就是植物了。比方說，最常被使用的黃金葛，就有能視情況可方便配置在需要位置的優點。

黃金葛也有「方便照顧」跟「容易取得」的優點

➡照片中的生態缸在52頁

步　驟

步驟❶ 想像完成的模樣

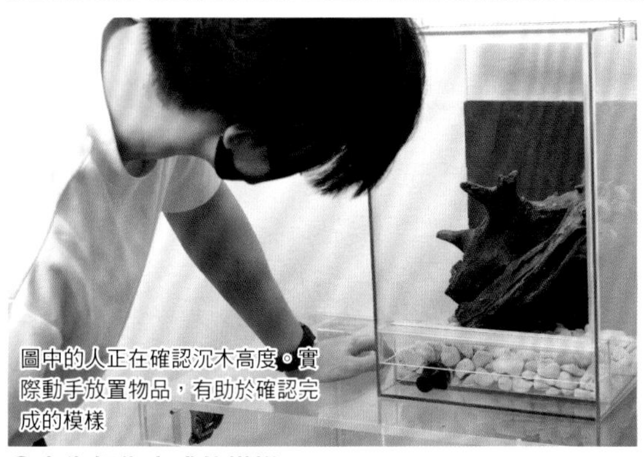

❶事先想像完成的模樣

在實際動手做之前，要先想像之後要製作的生態缸大功告成的模樣。

Check!

點亮燈具

最終若會布置日光燈，只要不會干擾其他的步驟，先點亮燈具，就能享受手邊視野變得更清晰的方便性。

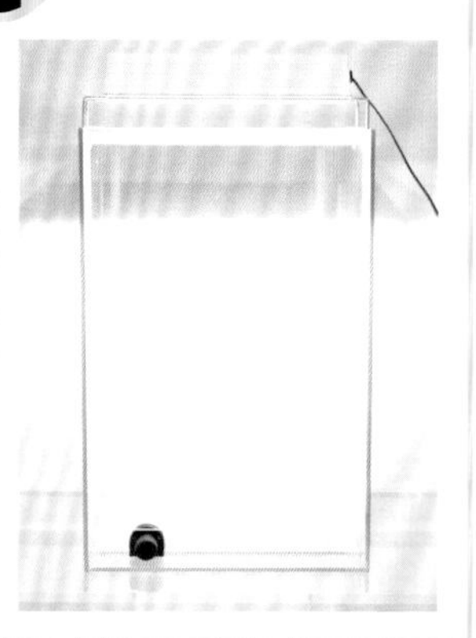

步驟❷ 鋪上底材與設置背景板

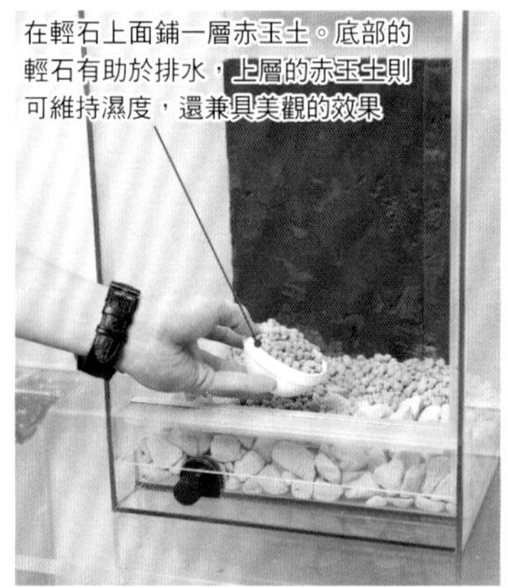

❶鋪上底材與設置背景板

先鋪滿一層輕石，再於後方設置花藝海綿。

❷在背景板塗抹造形材料

將造形材料抹在當成背景板的花藝海綿上。

❸等待造形材料乾燥

塗完造形材料之後，等待造形材料完全乾燥。

打造森林生態缸的底座

■ 方便排水的設計

森林生態缸的底材會依照飼養的物種以及生態缸的種類來挑選。而在此範例中為了方便排水使用了輕石，但有時候不一定非得使用輕石，改用寵物尿墊也沒問題。

此外，如果為了替寵物補充水分或是維持濕度而會常常噴霧的話，就必須另外考量如何設置排水的構造。

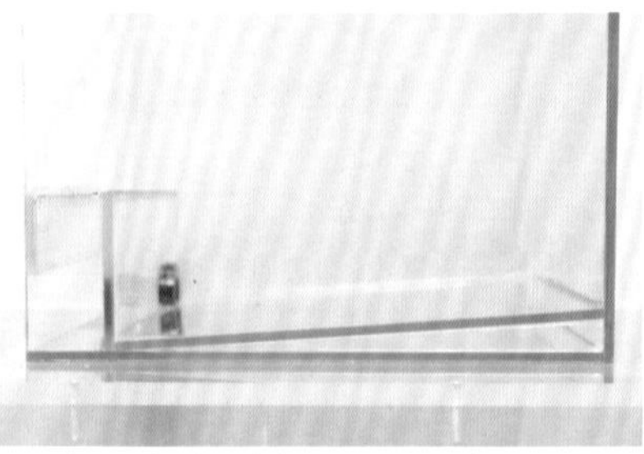

在此使用的飼養箱底部是傾斜、低處有排水口的類型

如果沒有排水構造，可使用橡膠管促進排水

➡詳情請見26頁

步驟❸打造骨架

❶設置沉木

這個步驟要設置大型的沉木，打造出這座生態缸的骨架。

Check!

確實固定住

為了方便作業，在飼養箱中布置大型沉木之前，先在樹枝處設置了觀葉植物。而觀葉植物與沉木則使用「利用造形材料」或是「插在花藝海綿中」的方法加以固定住。

圖中是利用造形材料固定

打造森林生態缸的骨架

■除了素材天然的沉木以外，也有人造沉木

在製作森林生態缸時，大多都會打造成能夠立體活動的空間，所以基本上也會使用一些素材當作整個空間的骨架。步驟的順序為在骨架完成後，再設置植物或是遮蔽處，整個流程才會比較順利。骨架的部分可使用素材天然的沉木搭建，或者也可以使用人造藤蔓等人造物搭建。

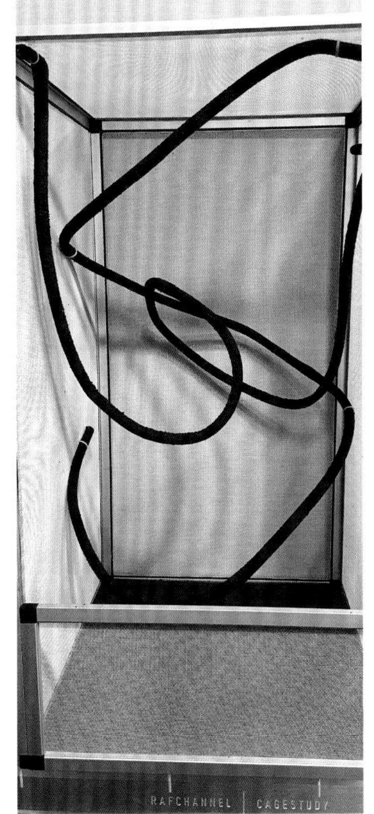

利用人造藤蔓模擬樹枝

➡詳情請見72頁

挑選形狀良好的素材當骨架

➡詳情請見52頁

使用軟木樹皮樹洞作為骨架

➡詳情請見64頁

Check!

大型植物也能當成骨架

除了沉木這類光禿禿，沒有半片葉子的素材之外，足以左右生態缸整體印象的大型植物也能當成骨架來使用。總之，在打造生態缸的時候，一定是先從大型素材開始布置，之後才布置小型素材。

大型植物也能當成骨架使用

➡詳情請見68頁

步驟❹ 設置植物等

❶設置苔蘚

以沉木的根部為主設置一些苔蘚。

❷設置藤蔓植物

為了模擬箭毒蛙棲息的自然環境，在背景板設置了藤蔓植物。

在森林生態缸布置植物的概念

■ 發揮想像力與創意

為了在森林生態缸中重現森林的環境，基本上會布置植物在其中，此時使用人造植物也是一個不錯的選擇，而且人造植物也有方便設置的優點。除了真正的植物之外，樹枝也是很棒的造景用物品。總之請大家發揮自己的想像力與創意，享受打造生態缸的樂趣吧。

將樹枝立起來設置的例子

➡照片中的生態缸在68頁

將碳化橡樹板當成歇腳處使用

➡照片中的生態缸在52頁

步驟❺ 視情況調整細節並收尾

❶最後放入給水器

設置給水器之後，確認整體的協調性，若有需要可再調整細節。如此一來就大功告成了。

➡完成的生態缸在44頁

Check!

兼顧配色的協調性

整體的顏色是否協調，也是生態缸的重點之一。比方說，布置了紅葉植物，就能讓生態缸的印象截然不同。

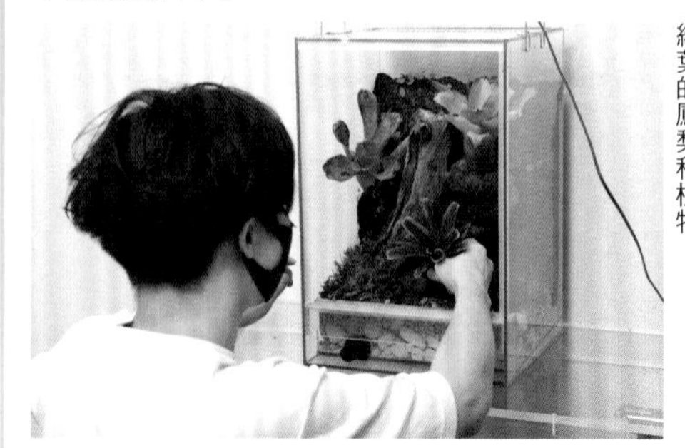

此範例在最後微調的階段，布置了紅葉的鳳梨科植物

維護與飼養的重點

【維護重點】

■讓底部的積水排出

森林生態缸通常會用到噴霧器，因此飼養箱的底部也很容易積水。如果不處理底部的積水，環境就會變得不太衛生，所以需要定期幫生態缸排水。

■排泄物的處理

如果發現排泄物，可立刻利用鑷子撿掉。排泄物除了是發臭的原因，裡面暗藏的細菌與病毒也會危害生物的健康。

■更換底材

一般來說，像木屑這種素材天然的底材需要每個月更換。

■植物的照顧

如果發現枯葉或是植物本身長得太亂，可試著動手修剪。

■飼養箱的維護重點

森林的生態缸通常會使用具有一定高度的飼養箱，所以玻璃上面的汙垢也會特別明顯。基本上，只要髒了就要立刻擦拭掉，也可以將一週的某一天設定為打掃生態缸的日子。為了避免擦拭的時候在玻璃上留下痕跡，建議使用科技海綿（Melamine foam）或是質地較為細柔的布料。清潔劑則可選擇小蘇打等，就算生物不小心舔到也不會有危險的清潔劑。

【飼養重點】

■管控生物的水分補給與濕度

變色龍一類的爬寵，在自然環境下通常會舔食葉面的水滴以補充水分。其他棲息於森林的爬寵也通常是以相同的方式補充水分，所以在飼養箱內部一天要噴1、2次水。而且噴水還能幫助維持飼養箱內部的濕度。

設置給水器

本章也會介紹樹棲性（或半樹棲性）青蛙的生態缸。雖然自然環境下野生的樹棲性青蛙能在稍微遠離水區的地方生活，但基本上還是要在生態缸設置給水器。

飼養青蛙類爬寵的生態缸之中要設置給水器

■餵食的重點

可以養在森林生態缸的物種非常多，而這些爬寵需要的食物或是餵食方法都不一樣。以本章介紹的物種而言，多半都是餵食蟋蟀這類小型昆蟲為主，有時候可以視情況用鑷子夾給寵物吃，不但能好好落實飲食控制，也能增加與寵物的互動。不過要注意的是，在餵食箭毒蛙的時候，用來餵食的蟋蟀通常會小得無法用鑷子夾起。如果放在飼料盤裡面，就能避免蟋蟀散落四處。

如果是小隻的蟋蟀，就放在飼料盤裡面

活用碳化橡樹板打造立體空間，實現植物配置協調的生態缸成品

基本上，會替樹棲性生物打造立體的生態缸。
碳化橡樹板不僅美觀，還能用來打造適當的生態環境。

正面

Close Up

將裝在背景板的部分碳化橡樹板，設置在飼養箱的側面

由於觀葉植物（黃金葛）會不斷成長，所以在固定的範圍內配置苔蘚

■ 用碳化橡樹板打造青蛙的歇腳處

這是個活用五花八門的靈感、有許多別出心裁之處的生態缸。主要的重點之一就是使用了名為碳化橡樹板的木板。因為在背景板上用了碳化橡樹板，所以可以用U型釘固定藤蔓植物。另外，將部分的碳化橡樹板設置在飼養箱側面，還能成為青蛙的歇腳處。

能飼養於相同環境的其他爬寵

- 日本樹蟾
- 施氏樹蛙

※其他的樹棲性青蛙

- 巨型殘趾虎

※其他的其他的大型壁虎等等

重 點

■ 以藤蔓植物作為背景

為了讓飼養箱空間的綠意可以均衡分布，在背景上設置了藤蔓植物之一的黃金葛。為了能加以固定，使用了U型釘固定黃金葛。

■ 使用各種素材

這座生態缸使用了各種素材以模擬自然環境，比方說，在背景板安裝了碳化橡樹板，也使用軟木樹皮樹枝（軟木樹皮的樹枝）等搭建骨架。尤其碳化橡樹板具有「比保麗龍板硬一點」的質感，而且非常便於加工也是其特色，所以只要稍微發揮創意，就能衍生出各式各樣的用途。

在背景板插入U型釘，藉此固定植物

碳化橡樹板可直接用手掰成適當的大小

了解紅眼樹蛙

野生的紅眼樹蛙（野生個體）

■ 特徵是紅眼睛的中南美青蛙

紅眼樹蛙是棲息於哥斯大黎加、墨西哥這類中南美洲國家熱帶雨林之中的蛙類。

夜行性的牠們會在白天的時候，停在葉子上休息。而且樹棲性的牠們能夠適應乾燥，所以能在遠離水區的地方生活。從這2項特徵來看，在生態缸設置一些植物，似乎是不錯的選擇。

一般來說，牠們的個性很溫馴，甚至是說有點膽小也不為過。

【生物資料】

- **種屬**／兩棲類，樹蟾科紅眼樹蛙屬
- **全長**／約3～7㎝
- **壽命**／約5～7年
- **食性**／動物（以蟋蟀這類昆蟲或是小型節肢動物為主）
- **外觀特徵**／體色呈鮮綠色。大大的紅眼睛之中，有一條細長的黑色瞳孔，可說是令人憐愛的外表
- **飼養重點**／在自然環境下通常會棲息在熱帶雨林或低窪地區的河川、池塘旁邊，因此比較能夠適應高溫潮濕的環境，所以就飼養箱內部的全年溫度而言，白天最好維持在24到29度之間，晚上則維持在19到25度之間。此外，每天早上與晚上最好各噴霧一次，讓飼養箱內部維持一定的濕度。

  在餌料方面，一般會餵活蟋蟀。

準　備

■ 善用黃金葛

由於黃金葛除了是方便使用的觀葉植物，更是藤蔓植物，而且生命力很強韌，所以非常便於用在生態缸之中。在設置黃金葛的時候，可以視情況修剪葉子的數量與大小。

【飼養箱等】

飼養箱▶尺寸寬約31.5㎝×深約31.5㎝×高約47.5㎝／玻璃製

照明燈具▶日光燈

【造景用物品】

底材▶輕石／赤玉土／木屑

骨架▶軟木樹皮樹枝

植物▶觀葉植物（黃金葛）／苔蘚（大灰苔）／泥炭苔（用於替觀葉植物補充水分，包在觀葉植物根部的素材）

其他▶碳化橡樹板（用於裝飾背景板）／橡膠管（用於排水）

【飼養用物品】

給水器▶爬蟲類專用給水器

【作業所需用品】

固定用素材▶密封膠（利用防水樹脂製作的黏著劑）／U型釘（U字型的釘子／用於固定觀葉植物）

步　驟

步驟❶ 想像完成的模樣

❶鋪上輕石，決定骨架

先在底部鋪上輕石，再放上軟木樹皮樹枝，想像完成的模樣。

NG 不要先入為主決定步驟的順序

基本上，生態缸會依照「底材→沉木等骨架→植物等素材」的順序設置，如此製作流程也會比較順利。但是以這座生態缸為例，若先搭建骨架，後續的操作可能就會礙手礙腳的。所以請大家先想像完成的模樣後再規劃先後順序，才開始著手製作。而且也要臨機應變，視情況調整步驟也很重要。

這個生態缸在製作之前，原本想使用2根軟木樹皮樹枝，但為了外觀上的協調感，最終我只使用了1根

步驟❷ 設置背景板與骨架

❶橡樹板背面塗上黏著劑

在碳化橡樹板的背面塗抹當成黏著劑的密封膠。

❷在飼養箱設置橡樹板

將碳化橡樹板設置在飼養箱的後方。

❸設置軟木樹皮樹枝

設置好作為骨架的軟木樹皮樹枝。

步驟③ 設置植物或給水器等

❶鋪上赤玉土

設置觀葉植物與橡膠管，再鋪上赤玉土。

❷設置給水器

飼養蛙類一定要放給水器，因此設置給水器。

Check!

設置排水用的管子

若使用噴霧器維持濕度或是替植物澆水，飼養箱的底部通常會積水。所以在製作生態缸的時候先設置好排水用的橡膠管，之後就比較容易維護。

可以利用虹吸原理來排出積水

步驟④ 在背景設置植物並收尾

❶在背景設置植物

利用U型釘將觀葉植物設置在背景板上。

❷設置部分的橡樹板

利用黏著劑將部分的橡樹板設置在飼養箱的側面。

Check!

在植物的根部包上泥炭苔

為了避免背景的觀葉植物枯死，會在觀葉植物的根部包上吸飽水分的泥炭苔後才設置上去。另外，在設置時也會將泥炭苔塞進背景板之間的縫隙之中。

➡完成的生態缸在52頁

維護與飼養的重點

【維護重點】

■植物的照顧

視情況修剪不斷長大的觀葉植物。

【飼養重點】

■管理生物的水分補給

給水器需要每天換水，早晚也要各噴霧一次，維持飼養箱內部的濕度。

Layout 05 白氏樹蛙

小型生物就用小型飼養箱，利用苔球營造時尚感

推薦用小型的飼養環境，飼養成長中的小體型生物。
藉由必需的歇腳處如沉木等，做出具有美感的布置吧。

正面

Close Up

白氏樹蛙是生活於樹上的生物，所以沉木是不可或缺的

在底部鋪上苔蘚，觀賞的美感就會增加許多

能飼養於相同環境的其他爬寵

- 日本樹蟾
- 玻璃蛙

※其他的小型青蛙等等

■為了增加觀賞美感而配置綠色植物

在飼養青蛙時，若成長階段還屬於小型時，可飼養於較小的環境；等到牠們長大了，再移到大的飼養箱比較好。這是因為青蛙的餌料通常是活蟋蟀，空間狹小一點，青蛙會比較容易抓到蟋蟀，因此通常較能順利長大。這次的範例使用了寬度小於40㎝的飼養箱，這種飼養箱也很常用來飼養天竺鼠這類小動物。此外，使用觀葉植物或苔球等綠色植物裝飾，就能打造出兼具美感與時尚感的生態缸。

重 點

■ 利用綠葉美化

半樹棲性的白氏樹蛙除了會在樹上生活，也會在地面生活。考慮到牠的習性，而在其中設置了觀葉植物。帶來的好處是，觀葉植物也會讓生態缸的美感提升不少。在此選用了葉子既光澤又鮮綠、生命力強韌的黃金葛。

■ 精心挑選的給水器

蛙類會從腹部吸收水分，所以一定要為牠們準備給水器。製作時建議依照生態缸的氛圍，挑選適當的給水器吧。

■ 在觀葉植物的根部包上苔球

另一項重點就是在觀葉植物的根部包上苔球。如此一來，既能提升外觀的時尚感，還能墊高觀葉植物的位置，讓飼養箱內部更加協調。

了解白氏樹蛙

帶有雪花花紋的白氏樹蛙幼體

■ 既長壽又是大型蛙類

白氏樹蛙生活在澳洲東北部跟巴布亞紐幾內亞南部。雖然跟日本常見的日本樹蟾同屬於雨蛙屬，但白氏樹蛙成長的體型要大得多。而且牠也以長壽的蛙類而廣為人知，平均壽命為15年，甚至還有20年左右的長壽個體呢。

牠們大多食欲旺盛又不會害怕人類，是容易飼養的兩棲類。

【生物資料】

- **種屬**／兩棲類，樹蟾科雨蛙屬
- **全長**／約7～12㎝
- **壽命**／約15年
- **食性**／動物（以蟋蟀這類昆蟲或是蚯蚓這類小動物為主）
- **外觀特徵**／最吸睛的就是牠那極具青蛙特徵的外觀以及一雙可愛的大眼睛
- **飼養重點**／野生的白氏樹蛙通常棲息於有雨季與乾季的草原或森林，但牠們通常更喜歡潮濕的環境，有難以適應乾燥的特性。建議在白天的時候，讓飼養箱的溫度維持在25度左右，到了晚上則維持在18～20度即可。

  在餵食方面，基本上以餵活蟋蟀或是冷凍蟋蟀為主。

準　備

■ **使用裝潢用尼龍線**

為了營造出時尚感，用泥炭苔在觀葉植物的根部包出苔球。因此使用了裝潢用的尼龍線，尼龍線也就是釣魚線，或是可用細度相同的細線。

【飼養箱等】
飼養箱▶尺寸寬約36.8㎝×深約22.2㎝×高約26.2㎝／玻璃製

【造景用物品】
底材▶赤玉土（大顆粒）
骨架▶沉木
植物▶觀葉植物（黃金葛／另外準備塑膠盆器）／苔蘚（多種）／泥炭苔

【飼養用物品】
給水器▶爬蟲類專用給水器

【作業所需用品】
固定用素材▶裝潢用尼龍線（製作苔球用）

步　驟

步驟❶ 打造骨架，決定觀葉植物的位置

❶在飼養箱底部鋪滿赤玉土

首先要先打造生態缸的底部。先在飼養箱底部鋪滿赤玉土。

❷設置沉木

接著是設置作為骨架的沉木。此時需要觀察整體的協調性再決定其位置。

Check!

選擇適當的飼養箱

在此選擇了可用來飼養天竺鼠的小型飼養箱。挑選飼養箱也是製作生態缸的重點之一，而這個飼養箱的大小也很適合用來飼養白氏樹蛙的幼體。

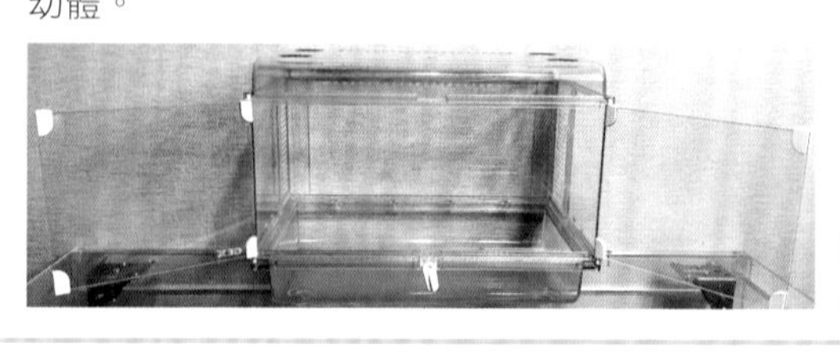

Check!

評估觀葉植物的位置

設置好沉木之後，下一步是評估植物的位置。可視情況調整沉木的位置。

步驟❷ 在觀葉植物的根部包出苔球

❶撥開根部

要將苔球包在觀葉植物的根部。第一步要先撥開根部。

❷利用尼龍線固定

用泥炭苔包住觀葉植物的根部之後，再以裝潢用尼龍線固定。

❸確認完成品的狀況

上述步驟完成後，確認苔球是否為圓形。

步驟❸ 設置苔蘚並收尾

❶設置給水器與觀葉植物

設置給水器以及擺放在塑膠盆器之中的觀葉植物。

❷鋪上苔蘚，確認整體的協調性

在赤玉土上鋪滿苔蘚，確認整體的協調性，再視情況微調就完成了。

➡完成的生態缸在56頁

維護與飼養的重點

【維護重點】

■排除底部的積水

若發現底部（鋪有赤玉土的那層）積水，就拆掉上方的蓋子，取出沉木等造景用物品，再傾斜箱子讓積水排出。

【飼養重點】

■供水與濕度控制

每天都要幫給水器換水以及在整個內部空間噴霧。此外，觀葉植物每2到3天就要取出一次，給予充足的水分。

Layout 06 睫角守宮

為了方便加以維護，將沉木設置於半空中

將沉木或軟木樹皮樹洞布置在半空中，而非置於底部，
就能打造出個性鮮明又能有效維護的生態缸了。

正面

Close Up

人造植物配置的位置，不搶眼而具有良好的協調感

造景用物品全部都位在半空中

能飼養於相同環境的其他爬寵

- 蓋勾亞守宮
- 大壁虎

※其他的小型夜行性壁虎等等

■ 為了讓沉木成為主角，適當配置人造植物

將沉木、軟木樹皮樹洞、人造植物這類造景用物品全部都設置在半空中，所以生態缸看起來會很有個性又非常美觀。底材使用了椰子殼素材的木屑，大概每1到2個月就要全部更換一次。由於這座生態缸的所有造景用物品都位在半空中，所以方便更換底材也是它的優點之一。

此外，沉木的流線美也是這座生態缸的重點之一。為了讓目光聚焦在沉木的樹形上，配置了以綠色蕨類為主題的點綴用人造植物。

重　點

■ 準備美觀的沉木

此為呈現沉木樹形之美的生態缸。話說回來，要讓造景位於半空之中，就必須挑選形狀適當的沉木；而要找到如此適當的沉木，其實也是製作生態缸的困難之一，但更是趣味所在。

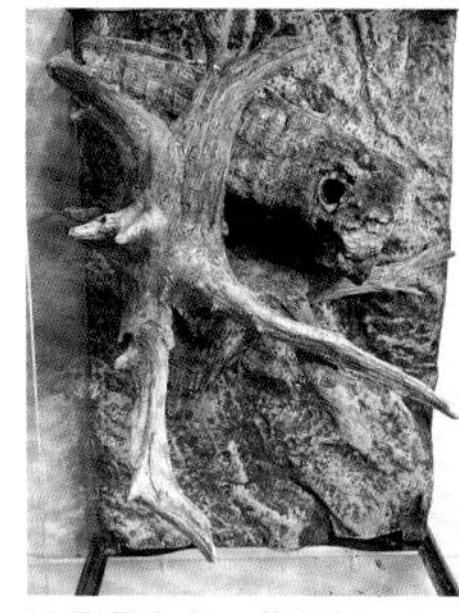

這是還沒利用黏著劑固定沉木，暫時擺在半空中的狀態

■ 牢牢固定

製作生態缸的基礎之一就是不能讓造景崩塌，尤其這種將造景用物品設置於半空中的生態缸，更是要在操作過程中多加注意。當然也要在完成之後，確認所有的造景用物品都是穩定的、被牢牢地固定住。

直到黏著劑徹底乾燥之前，都要好好地固定住

了解睫角守宮

莉莉白睫角守宮（紅色）

■ 不會警戒人類、好飼養的爬蟲類

由於睫角守宮眼睛上方到背部有看起來像皇冠的隆起構造，所以日本人又稱牠為「王冠帝守宮」。可見睫角守宮有多麼適合飼養與受人寵愛，在日本也有不少人飼養牠，是非常受歡迎的爬蟲類。

牠是澳洲東部新喀里多尼亞島的原生種，生活於此島嶼的南部與周邊群島。基本上是整天待在樹上的樹棲性生物，但多半都在夜間活動，所以屬於夜行性動物。由於不太會警戒人類，所以被視為是容易飼養的爬蟲類之一。

能於同款生態缸飼養的同類包含蓋勾亞守宮或是其他的多趾虎，但建議為成體準備大一號的飼養箱。

【生物資料】

- **種屬**／爬蟲類，澳虎亞科Correlophus屬
- **全長**／約20～25㎝
- **壽命**／約10年
- **食性**／動物為主的雜食性（除了吃昆蟲，也吃植物的果實）
- **外觀特徵**／眼睛上方像是睫毛般的突起構造非常可愛，也有多種不同的體色
- **飼養重點**／新喀里多尼亞島全年氣溫的變化幅度不大，全年平均氣溫落在24度左右，所以在飼養睫角守宮時，在寒冷的季節要特別注意溫度管控。此外，牠一旦斷尾就不會再長出來，所以上手欣賞時，千萬要保護牠們的尾巴。

　在餵食方面，睫角守宮以吃蟋蟀這類活昆蟲或是吃冷凍的昆蟲為主。

準　備

【飼養箱等】

飼養箱▶尺寸寬約31.5㎝×深約31.5㎝×高約47.5㎝／玻璃製

【造景用物品】

底材▶木屑（椰子殼材質的產品）

骨架▶沉木／軟木樹皮樹洞

植物▶人造植物

【作業所需用品】

固定用素材▶密封膠（利用防水樹脂製作的黏著劑）

■ **利用軟木樹皮樹洞提升完成度**

這次為了營造森林的氣氛而使用了沉木與軟木樹皮樹洞，這座生態缸的完成度也因軟木樹皮樹洞而大幅提升。

步　驟

步驟❶ 設置作為骨架的沉木與軟木樹皮

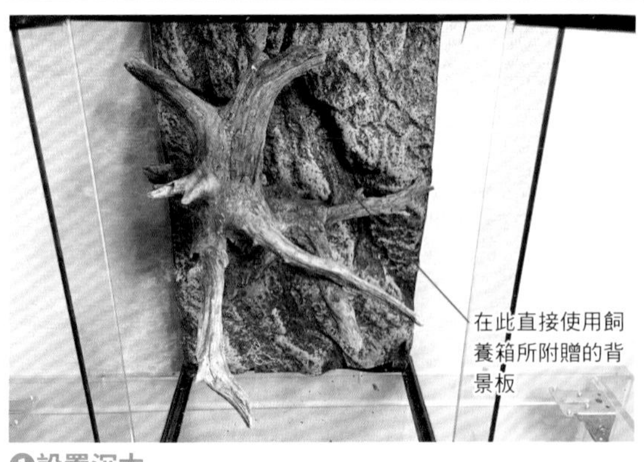

❶設置沉木

首先要設置沉木。由於要將沉木置於半空中，所以需先確認是否符合飼養箱的大小，再開始作業。

❷設置軟木樹皮樹洞

為了增加飼養箱內部的立體感，而在沉木與背景板之間設置了軟木樹皮樹洞。

❸將軟木樹皮樹洞黏在側面

為了美觀以及穩定沉木，這次利用密封膠將切成一半的軟木樹皮樹洞黏在飼養箱的側面。

Check!

固定與乾燥

雖然每次使用密封膠的量不同，但通常要等上1天，密封膠才會完全乾燥。在此之前，要牢牢固定住素材。

步驟❷ 設置人造植物

❶設置人造植物

將人造植物設置在沉木上面做點綴。

❷確認整體性

設置好人造植物之後，確認整體的協調性。

Check!

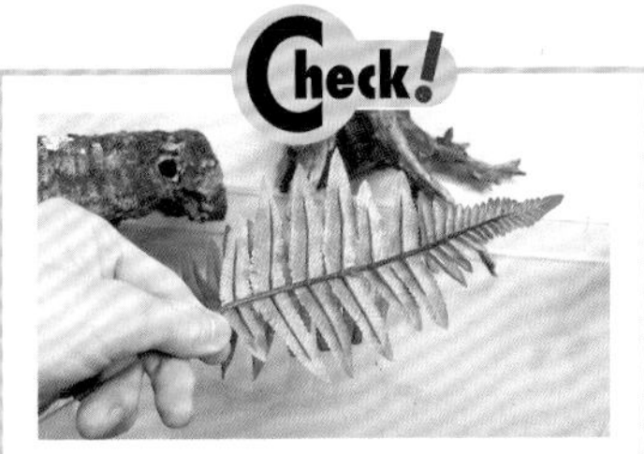

使用適當的素材

由於睫角守宮為夜行性動物，所以不像晝行性動物那般需要陽光。雖然可利用真正的植物表現自然環境，但那些植物缺乏日照就很可能會枯死，所以在此才會改用人造植物。

步驟❸ 設置底材並收尾

❶鋪上底材

在底部鋪滿底材。底材層的厚度大約3㎝。最後在底材上設置給水器就完成了。

Check!

若未牢牢固定，要小心會有崩塌的可能

好好確認穩固性

由於這座生態缸的沉木等素材都置於半空，所以在放入生物之前，一定要檢查設置素材的穩固性。

➡完成的生態缸在60頁

維護與飼養的重點

【維護重點】

■衛生方面的維護

如果發現飼養箱的玻璃髒了，務必擦乾淨。底材則可每1到2個月全面更換一次。

【飼養重點】

■管理生物的水分補給

為了讓生物能補充水分，最好可以在每天早上與晚上噴霧。

Layout▸07 多趾虎

以森林的中空樹洞為意象，刻意使用大型飼養箱的大膽設計

多趾虎這種大型壁虎類的爬寵
就需要準備好大型的飼養箱與造景用物品。

正面

Close Up

軟木樹皮樹洞很適合多趾虎

適當配置模擬蕨類植物的人造植物

能飼養於相同環境的其他爬寵

- 蓋勾亞守宮
- 睫角守宮
- 大壁虎

※其他的小型夜行性壁虎等等

■為大型壁虎量身打造充滿動感的生態缸

多趾虎是全長能長到40㎝的大型壁虎類爬寵，所以通常會為牠準備尺寸相符的大型飼養箱，也會利用較粗大的沉木與軟木樹皮樹洞打造充滿動感的生態缸。布置的重點之一就是利用軟木樹皮樹洞，打造出常見於森林的中空樹洞。由於這類軟木樹皮樹洞又大又重，所以一定要將其牢牢固定好，以免在多趾虎爬上去活動的時候崩塌。

重　點

■ 用骨架吸引注意力

這座生態缸是利用大型軟木樹皮樹洞與沉木打造骨架。首先，重點之一就是要找到符合自身理想的素材。此外，在打造骨架時會利用黏著劑牢牢地固定住軟木樹皮樹洞與沉木，使它們能夠順利地組合起來。

在放入生物之前，一定要確認穩固性

■ 使用人造植物

這次選用了人造植物替生態缸增色。使用根部為鐵絲的人造植物產品，可以在決定設置的位置時增加許多選擇，是它的一大優點。

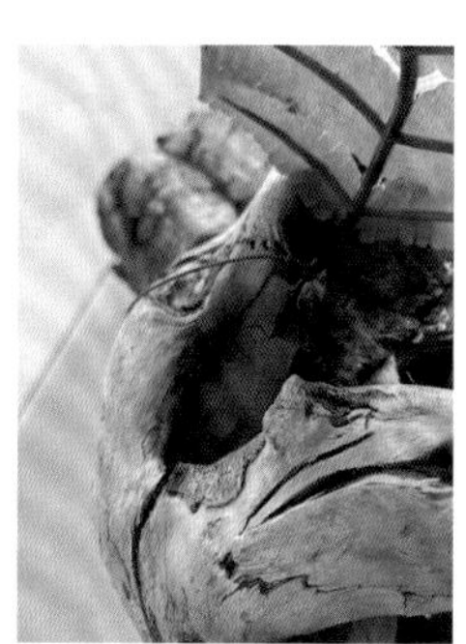

有鐵絲的話，可以纏繞在人造植物上加以固定

了解多趾虎

繼尾多趾虎亞種（*R. l. henkeli*）的Mt. koghis品系之幼體

■ 對人類警戒心低、好飼養的爬蟲類

其實多趾虎只是一種總稱，範例中的多趾虎有個正確的名稱，是多趾虎亞種之一的「繼尾多趾虎」。而多趾虎原種的正確學名是「*Rhacodactylus leachianus*」。

多趾虎分布於澳洲東部的新喀里多尼亞島，於日本國內流通的多趾虎為人工繁殖的個體。在壁虎類爬寵之中，多趾虎是體型碩大的物種，所以比較適合以大型飼養箱飼養。由於習性為夜行性，所以動作很緩慢。

【生物資料】

- **種屬**／爬蟲類，澳虎亞科多趾虎屬
- **全長**／約35～40㎝
- **壽命**／約30年
- **食性**／動物為主的雜食性（除了吃昆蟲，也吃植物的果實）
- **外觀特徵**／體色近似樹皮的顏色，能隨著環境讓身體稍微變色
- **飼養重點**／新喀里多尼亞島全年氣溫的變化幅度不大，全年平均氣溫落在24度左右，所以在飼養多趾虎時，在寒冷的季節要特別注意溫度管控。

  在餵食方面，多趾虎會吃蟋蟀這類活昆蟲（冷凍昆蟲也可以）或是冷凍小老鼠，也可將市售的壁虎飼料拌在水裡餵食。個性沉穩的牠可以上手觀賞，也很容易飼養。

準　備

【飼養箱等】
飼養箱▶尺寸寬約46.8㎝×深約46.8㎝×高約60.6㎝／玻璃製

【造景用物品】
底材▶木屑（椰子殼材質的產品）
骨架▶沉木／軟木樹皮樹洞
植物▶人造植物（模擬蕨類植物與藤蔓植物的2種人造植物）

【作業所需用品】
固定用素材▶密封膠（利用防水樹脂製作的黏著劑）

■ 利用大型飼養箱飼養

由於多趾虎大型的個體可長到40㎝，是大型的壁虎類爬寵。所以這次為牠準備了與其碩大體型相符、高度達60㎝的大型飼養箱。

步　驟

步驟❶ 打造骨架

❶規劃設計

實際擺上造景用物品，想像完成的模樣。

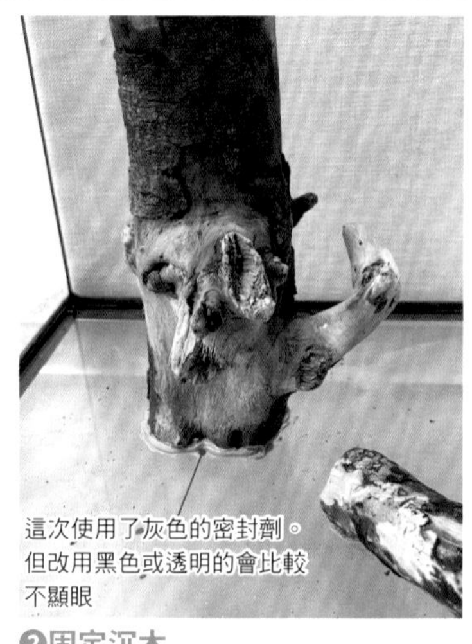

❷固定沉木

利用黏著劑將支撐軟木樹皮樹洞的沉木固定在飼養箱底部。

❸設置軟木樹皮樹洞

黏著劑完全乾燥後，在沉木上面設置軟木樹皮樹洞。

Check!

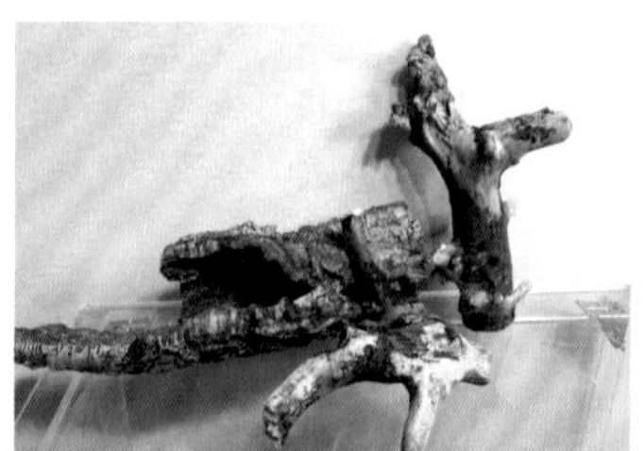

尋找符合理想的素材

於樹幹或粗樹枝形成的孔洞稱為「樹洞」，而這次的生態缸將圓筒狀的大型軟木樹皮樹洞當成森林中的樹洞使用，是此範例的一大重點。用於支撐這個軟木樹皮樹洞的沉木也選用了非常粗大、形狀又很合適的素材。由此可知，在製作生態缸的時候，挑選適當的素材的確非常重要，會是左右完成模樣的關鍵要素。

步驟2 鋪上底材與設置植物

❶鋪上底材

在飼養箱的底部鋪滿底材。底材層的厚度約2～3cm。

❷設置人造植物

在沉木上設置人造植物。

Check!

纏繞固定在樹枝上

人造植物的優點在於不會枯萎，而且很方便設置。這次使用的是根部為鐵絲的製品，固定在沉木的樹枝上面。

步驟3 設置植物並收尾

❶決定其他植物的位置

為了增色而增加其他人造植物。根據整體的協調性決定設置的位置。

❷設置其他的植物

設置其他的人造植物，確認好它們是否被牢牢固定住後就完成了。

➡完成的生態缸在64頁

MEMO

使用大型飼養箱

如果生物還處於成長階段，就必須從不同的角度思考生態缸使用的飼養箱尺寸。雖然這次的範例是以小隻的多趾虎幼體為對象，但顧慮到牠還會繼續長大這點而選擇了較大的飼養箱。不過，就如在56頁介紹白氏樹蛙時所提到的，如果要餵食生物活餌，最好選擇尺寸小一點的飼養箱。

維護與飼養的重點

【維護重點】

■衛生方面的維護

如果發現飼養箱的玻璃髒了，務必擦乾淨。底材則可每1到2個月全面更換一次。

【飼養重點】

■管理生物的水分補給

最為理想的情況是每天早上與晚上在整個內部空間噴霧。也可以使用給水器，但是要記得每天換水。

Layout 08 條背貓守宮

為了近似於叢林的印象，使用了多種鮮綠色的植物

生態缸就是意圖重現該生物棲息的自然環境之空間。
說到叢林的話，使用多種植物是一大重點。

Close Up

深處的粗大樹枝是以叢林的斷枝為形象

從正上方往下看，苔蘚配置於飼養箱的角落

■ 將植物配置在適當的位置

條背貓守宮是棲息於叢林的生物，所以製作這次的生態缸時思及叢林的自然環境，使用了許多鮮綠色的植物。而且，為了營造叢林的氣氛，故意以接近垂直的角度配置粗大的樹枝，藉此重現斷枝掉落在地面的景象。但要注意的是，當植物太多就會讓整體協調性顯得雜亂。尤其是在沉木的根部等等，只重點設置了苔蘚。

能飼養於相同環境的其他爬寵

- 箭毒蛙
- 海南瞼虎
- 貓守宮

※其他的小型夜行性壁虎等等

重 點

■將植物設置在上半部

為了營造更具立體感的空間，將部分的觀葉植物設置在飼養缸的上半部。

左側深處的部分利用花藝海綿來調整高度，還使用了沸石調配的造形材料固定。

至於右側則是將植物嵌在立著的沉木上半部。

■也要考慮到維護

這次使用的飼養箱沒有排水孔，因此在飼養箱的角落設置了塑膠管，以便於排出飼養箱底部的積水。利用虹吸現象排水。

利用沸石調配的造形材料固定各種造景用物品，而不會有任何突兀之處

將中空的軟木樹皮樹洞當成容器使用。塞進泥炭苔調整高度，再將植物種在泥炭苔之中

了解條背貓守宮

■捲曲的尾巴能捲起東西

條背貓守宮是分布於婆羅洲的貓守宮亞種爬寵。貓守宮是的英文名是Cat geckos；但在日文之中，另有名稱念起來類似的所羅門石龍子，所以日本通常直接將條背貓守宮稱為Cat geckos。一般認為，這種壁虎之所以被稱為貓守宮，與牠會抬著尾巴走路的模樣有關。

條背貓守宮的尾巴總是會往側邊捲曲，所以能抓住物品。夜行性的條背貓守宮個性非常沉穩，但卻也有神經質的一面。

【生物資料】

- **種屬**／爬蟲類，擬蜥亞科貓守宮屬
- **全長**／約18～21㎝
- **壽命**／約5～10年
- **食性**／動物（以昆蟲與節肢動物為主）
- **外觀特徵**／在貓守宮屬之中，背部的白色條紋為最大特徵
- **飼養重點**／婆羅洲約為日本國土面積的1.9倍大，其中位於赤道正下方處有熱帶雨林，也就是所謂的叢林分布。所以條背貓守宮也喜歡高溫潮濕的環境，但不太能適應極端高溫或潮濕的環境。

　在餵食方面，主要是吃蟋蟀這類活昆蟲或是冷凍昆蟲。

準　備

中空的軟木樹皮樹洞（左側照片）。縱向切開後，就能當成遮蔽處使用（右側照片）

■ 善用中空的軟木樹皮樹洞

此範例將中空的軟木樹皮樹洞，當成種植觀葉植物的容器或是遮蔽處使用。

【飼養箱等】

飼養箱▶尺寸寬約31.5㎝×深約31.5㎝×高約47.5㎝／玻璃製

照明燈具▶日光燈

【造景用物品】

底材▶輕石／赤玉土／木屑（Pine Bark：松樹皮）

骨架▶沉木／軟木樹皮樹洞

植物▶觀葉植物（大型2種、小型3種）／粗樹枝（營造氣氛）／泥炭苔

其他▶花藝海綿／以沸石調配的造形材料（於背面使用）／塑膠管（排水用）

步　驟

步驟❶ 鋪上底材

❶設置輕石與赤玉土

先鋪一層輕石，再鋪一層赤玉土。

❷鋪滿木屑

在赤玉土上鋪一層木屑。

Check!

排水的設計

有些生態缸需要另外設計排水的構造。比方説，這次的範例為了排水，設置了塑膠管排水。

步驟❷ 打造骨架

❶設置大型植物

設置大型的觀葉植物與作為骨架的沉木。

❷追加植物

視情況追加當成骨架使用的大型植物。

❸設置軟木樹皮樹洞

在底材挖出凹洞，再將大型軟木樹皮樹洞立在凹洞上面。

步驟③ 設置植物

❶在軟木樹皮樹洞設置植物

這次將觀葉植物種在軟木樹皮樹洞的空洞之中。

❷將植物設置在背面

利用花藝海綿設置植物。

Check!

利用底座的花藝海綿調整高度，再將種了植物的花藝海綿設置在上面

美化背版

這個範例將觀葉植物設置在後方左側的空白處。將花藝海綿設置在底座上，再將上方種了觀葉植物的花藝海綿放在上面。最後利用沸石調配的造形材料固定。

步驟④ 設置各種素材並收尾

❶設置軟木樹皮樹洞

在底材上面設置當作遮蔽處使用的軟木樹皮樹洞。

➡完成的生態缸在68頁

❷設置直立的樹枝

為了營造氣氛，在右後方處設置了直立的樹枝。

❸設置苔蘚並收尾

配置好苔蘚後，確認整體協調性沒有問題、進行最後的微調之後，就完成了。

維護與飼養的重點

【維護重點】

■飼養箱底部積水的處理方式

平常可利用脫脂棉塞住塑膠管。若發現飼養箱底部積水，可拔掉脫脂棉，利用虹吸現象排水。

【飼養重點】

■管理生物的水分補給

每天的早上與晚上要在整體內部空間噴霧以補給水分。也可以使用給水器，但是要記得每天換水。

使用金屬網籠，只憑人造素材重現變色龍棲息的自然環境

只憑人造素材也能重現出森林的自然樣貌。
這種生態缸的優點在於方便管理與維護。

正面

Close Up

打造出部分植物茂密聚集之處

在飼養箱的下方，重點配置幾樣點綴用綠色植物

能飼養於相同環境的其他爬寵

- 七彩變色龍

※其他的變色龍等等

■ 考量整體的協調性，打造出植物密集的部分

這是只利用人造植物、人造藤蔓與寵物尿墊這類人造素材，打造出來的生態缸。人造素材具有方便製作與管理的優點，但是要只憑人造素材重現出自然環境，就需要耗費更多的心力了。此處的重點在於打造出植物茂密叢生之處，如同自然的森林景色一般。要注意的是，如果植物叢生之處的範圍過大，就會不太容易觀察到高冠變色龍。重要的是考慮整體的協調性，決定植物叢生之處的範圍與位置。

重點

■ 打造植物叢生之處

在這座生態缸的使用素材中，非常關鍵的重點正是極具存在感的人造植物。人造植物的配置方式也與成品給人的印象息息相關。這次是以人造藤蔓作為骨架，所以也根據其形狀去思考「在哪裡讓植物茂密叢生，才能讓高冠變色龍自然隱身其中呢？」這個問題，因而決定配置在飼養箱的左側。

■ 金屬網籠

這次根據高冠變色龍的體型選用了大型飼養箱。此外，這個飼養箱的天花板與牆面都是金屬網，所以有助於輕鬆設置各種的造景用物品。像這樣根據心中的理想去選擇適當的飼養箱，也是打造生態缸的一大關鍵。

棲息於森林的高冠變色龍與植物很相襯

金屬網的牆面也很通風

了解高冠變色龍

■ 在日本很受歡迎的變色龍

由於頭頂有個很大的突起構造，所以才被冠上「高冠」這個名字。

雄體與雌體的體型有明顯的差異，雄體往往能長得比雌體碩大許多。雄體最大可長到65㎝左右，雌體則只有45㎝左右。

在日本有許多人喜歡養變色龍當寵物，而高冠變色龍更是其中最受歡迎的品種之一。主要分布於連接亞洲與非洲的阿拉伯半島之西南方森林，但在日本與外國也多有人工繁殖個體。

牠的體色為偏藍的亮綠色，也會隨著周遭的環境而改變體色。此外，還帶有淡黃色的條紋與深褐色的斑點。

【生物資料】

- **種屬**／爬蟲類，變色龍科變色龍屬
- **全長**／約30～65㎝
- **壽命**／約5～8年
- **食性**／動物為主的雜食性（以吃昆蟲或節肢動物為主，也吃植物的果實或葉子）
- **外觀特徵**／體型最大可長至65㎝，頭頂有大型突起構造
- **飼養重點**／基本上，高冠變色龍喜歡高溫潮濕的環境，而且能適應環境一定程度的變化。不過，必須特別注意冬天防寒的溫度管理。一般來說，會設置加熱燈與設置UV燈以防止缺乏紫外線。

  在餵食方面，主要會餵冷凍或是活的蟋蟀。有許多飼主都會用鑷子餵食。

準　備

【飼養箱等】

飼養箱▶尺寸寬約45.0㎝×深約45.0㎝×高約80.0㎝／鋁合金材質製，天花板與牆面為金屬網

照明燈具▶加熱燈／UV燈（在此使用加熱&UV兼用燈）

【造景用物品】

底材▶寵物尿墊

骨架▶人造藤蔓

植物▶人造植物（主要與次要的植物各數種）

【作業所需用品】

固定用素材▶束帶（用於將人造藤蔓固定於飼養箱）

■人造藤蔓是樹棲生物生態缸的法寶

在這次使用的眾多素材之中，最具特色的莫過於人造藤蔓。可隨意彎曲的人造藤蔓，是替高冠變色龍這類大型樹棲性生物打造生態缸時所不可或缺的法寶。此外，這次使用了束帶來固定人造藤蔓。

步　驟

步驟① 打造骨架

❶設置第1條人造藤蔓

這次要以2條人造藤蔓打造骨架。第1條要設置成S型。

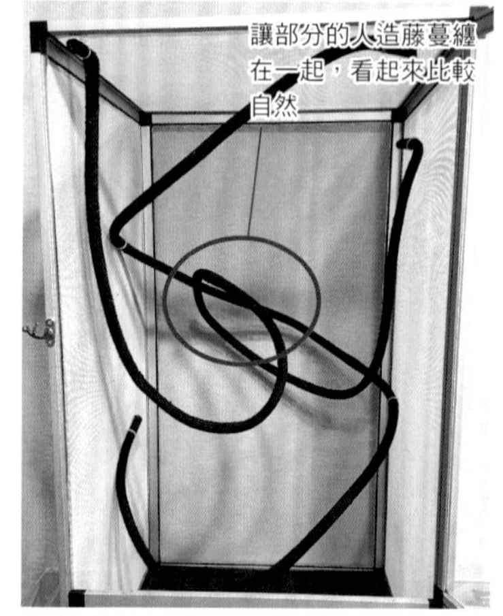

❷設置第2條人造藤蔓

第2條人造藤蔓則設置成由上往下垂的模樣。

牢牢固定

人造藤蔓要利用束帶牢牢固定住。天花板與牆面都是金屬網的金屬網籠，就有方便利用束帶固定的優點。

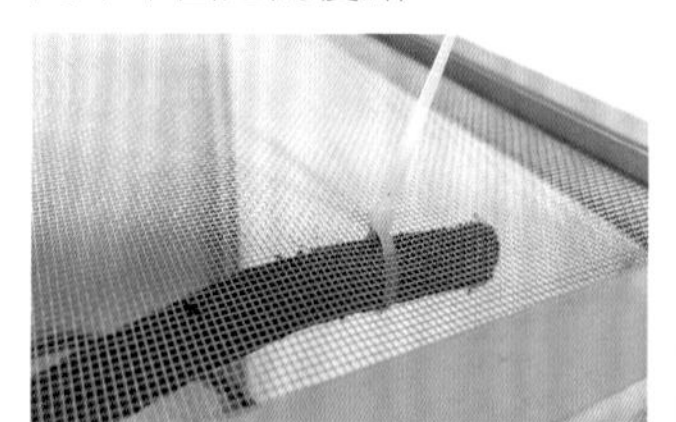

設置完成後，要好好確認其穩固性

Check!

打造可以立體活動的骨架

高冠變色龍可說是幾乎都待在樹上生活的生物，與其他棲息於荒野的生物不同，都是爬上爬下的立體活動。所以在製作生態缸的時候一定要留心這點，這也是為什麼「①設置第1條人造藤蔓」要設置成S型的理由。此外，「②設置第2條人造藤蔓」則是設想到高冠變色龍橫向爬行的移動範圍。

步驟❷ 設置植物與底材並收尾

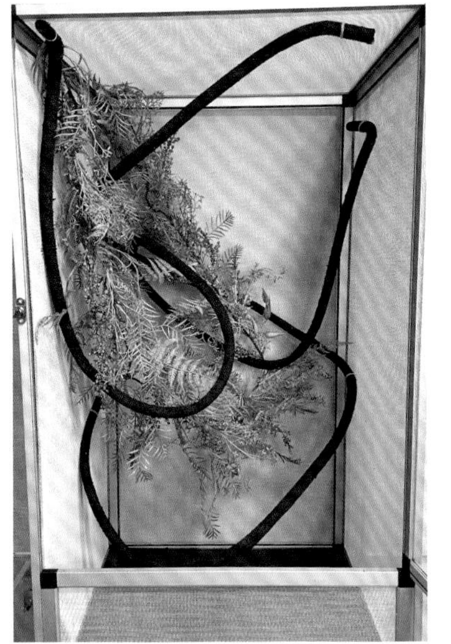

❶設置主要的植物

先設置植物中主要的大型人造植物。

❷設置次要的植物

接著在飼養箱內設置次要的植物，加以點綴。

喝葉子水滴補充水分

高冠變色龍會舔葉子表面的水滴來補充水分。在製作生態缸時，設置植物也要留心這點。

❸設置底材

設置底材。這次使用寵物尿墊當作底材。

❹設置燈具並收尾

接著是設置燈具。視情況微調素材的位置之後，就大功告成了。

➡完成的生態缸在72頁

MEMO

也可以增設噴霧系統

飼主除了可以定期噴霧，替高冠變色龍補充水分之外，也可以設置市售的噴霧系統。市面上有各種噴霧系統可以選購。

設置噴霧系統就能省去每天手動噴霧的功夫

維護與飼養的重點

【維護重點】

■替換寵物尿墊

寵物尿墊的一大優點就是方便替換，只要一弄髒就能立刻換掉。

【飼養重點】

■管理生物的水分補給

儘管不需要太在意濕度的問題，但基本上需要在每天的早上與晚上噴霧，也可以另外設置噴霧系統。

Layout ▸ 10 日本錦蛇

有效配置自製的遮蔽處，賦予背景板神秘的氛圍

若希望透過背景板來營造氛圍，就要挑選適當的素材，以及花心思將背景板配置在可供觀賞的位置。

正面

Close Up

散發著神秘氣息的背景板與美麗的蛇十分相襯

如果使用人造植物，就不用擔心會因蛇的活動而受損

■ 根據經常觀看的角度決定素材的位置

這次為了罕見的白化日本錦蛇幼體打造了生態缸。由於日本錦蛇全長可達100～200㎝，所以這座生態缸只適合小型的日本錦蛇爬寵。

日本錦蛇的活動量很大，不太適合把生態缸打造得太過精美。所以這次使用了很有存在感，氛圍又不錯的市售背景板，這也是此生態缸的一大重點。為了活用這個背景板，要先決定想突顯背景板的哪個部分，也就是從正面這個最常見的角度觀看時，要留心盡可能不要讓素材擋住背景板。

能飼養於相同環境的其他爬寵

- 玉米蛇

※其他的小型蛇類

- 睫角守宮
- 蓋勾亞守宮
- 大壁虎

※其他的壁虎等等

重　點

■ 留心爬上爬下的活動

日本錦蛇很擅長以靈活的身體爬樹，所以要將這樣的立體活動考量進去，挑選縱長的飼養箱。

■ 在飼養箱配置岩石區

在自然環境下，常常會看到日本錦蛇待在岩石區曬太陽，所以這次在自製的遮蔽處設置了熔岩石，在飼養箱打造出岩石區。日本錦蛇與其他蛇類都會在脫皮時，讓身體與表面粗糙的石頭摩擦，而岩石區也是肩負此任務的場所。

了解日本錦蛇

白化的幼體個體

■ 活動量大的晝行性蛇類

日本錦蛇是分布於日本國內的原生種，也很常在住宅區出沒，算是日本人很熟悉的爬蟲類。不具毒性的牠是日本最大型的蛇類，體型大的個體全長最高可達200㎝。牠長了一對圓滾滾的眼睛，看起來的表情也十分可愛。

不同地區的日本錦蛇個體，花紋與體色有著些微的差異，比方說，棲息於北海道的通常偏藍色。白化的個體也受到許多玩家喜愛。

晝行性的日本錦蛇的特徵之一就是活動量大，而且力量也很大，一不小心就會逃走，所以要特別注意。

【生物資料】

- **種屬**／爬蟲類，黃頷蛇科錦蛇屬
- **全長**／約100～200㎝
- **壽命**／約10～20年
- **食性**／動物（以鳥類與鳥類的蛋、小型哺乳類等為主）
- **外觀特徵**／最符合蛇的印象，許多國家都將牠當成觀賞動物飼養
- **飼養重點**／日本錦蛇是分布於日本各地，是適應日本各地氣候的蛇類，在日本飼養不太需要擔心氣溫與濕度的問題。此外，通常在飼養環境下，就算是冬天也還是會維持一定的溫度（大約是20度），不讓牠進入冬眠狀態。

　在餵食方面，以爬蟲類專賣店販售的冷凍老鼠為主。

準　備

【飼養箱等】
飼養箱▶尺寸寬約31.5㎝×深約31.5㎝×高約47.5㎝／玻璃製
照明燈具▶視情況設置功率較低的紫外線燈具

【造景用物品】
底材▶木屑（椰子殼材質的產品）
骨架▶沉木
植物▶人造植物
其他▶熔岩石／PVC管T型接頭

【飼養用物品】
給水器▶爬蟲類專用給水器

【作業所需用品】
固定用素材▶密封膠（利用防水樹脂製作的黏著劑）

■ 善用飼養箱附贈的背景板

這座生態缸使用了飼養箱附贈的背景板。最近市面上有許多造型設計出眾的飼養箱，從中挑選適當的產品也是製作生態缸的重點之一。

步　驟

步驟❶ 打造底座

❶設置沉木

首先在飼養箱內設置作為骨架的沉木。

❷鋪上木屑

在飼養箱的底部鋪滿木屑，厚度大約3㎝。

NG 不能立刻就放棄

在製作生態缸的時候，基本上要先測量飼養箱的尺寸，再根據尺寸挑選沉木或其他的造景用物品。但如果因為找不到尺寸剛好的素材就放棄的話，實在太過可惜。此範例中為了讓沉木能放入其中，而將其用鋸子切割成適當大小。像這樣只要花點工夫就能解決問題了。

步驟❷ 打造遮蔽處

❶想像遮蔽處的完成模樣

這座生態缸的遮蔽處是自製的。第1步要確認使用到的素材等物品，以及想像完成的模樣。

❷將熔岩石黏在PVC管表面

利用密封膠將熔岩石黏在PVC管表面。黏好後靜置，等待密封膠完全乾燥。

步驟③ 設置造景用物品並收尾

❶設置人造植物

設置各種素材。首先設置人造植物。

❷設置給水器

接著設置給水器。這次將位置設置在近身側的右方。

花心思固定住

必須視情況花心思固定住各種素材。這次是將人造植物插在背景板，藉此固定人造植物。此外，一定要防止這些素材在固定後崩塌，要好好確認其穩固性。

❸設置遮蔽處

接著要設置遮蔽處。這次選擇設置在左後方的位置。

❹設置熔岩石並收尾

在遮蔽處的周圍設置熔岩石，這裡就會變成岩石區。最後視情況微調素材的位置就大功告成了。

➡完成的生態缸在76頁

維護與飼養的重點

【維護重點】

■衛生方面的維護

一發現排泄物就盡快撿除。底材每隔1個月便全面更換一次。

【飼養重點】

■餵食的重點

蛇類的主食不是昆蟲，而是以冷凍老鼠這類小型動物為主。

在此要介紹由愛好者所製作的爬蟲類、兩棲類生態缸，也會附上本書監修者的評語。由於居住於其中的爬寵種類眾多，應該也能帶給各位一些製作生態缸的靈感。

箭毒蛙的生態缸

【生態缸資料】
動物▶藍箭毒蛙
飼養箱▶尺寸寬約60.0㎝×深約45.0㎝×高約45.0㎝／玻璃製
照明燈具▶兼具視覺效果與培育植物功能的LED燈
底材▶赤玉土／熔岩石
骨架▶沉木／EPIWEB（生態造景植被布，讓植物附著生長的基底）
植物▶觀葉植物（椒草、鱷魚蕨）／苔蘚（爪哇莫絲）
飼養用物品▶噴霧系統／排水管

【生態缸資料】
動物▶黃帶箭毒蛙
飼養箱▶尺寸寬約45.0㎝×深約45.0㎝×高約45.0㎝／玻璃製
照明燈具▶兼具視覺效果與培育植物功能的LED燈
底材▶赤玉土／熔岩石
骨架▶EPIWEB（生態造景植被布，讓植物附著生長的基底）
植物▶觀葉植物（卷柏、五彩鳳梨、匍莖榕、春雪榕、電光寶石蘭）／苔蘚（爪哇莫絲）
飼養用物品▶噴霧系統／排水管

【製作者】
尋找豹紋守宮的人（レオパの尋屋）

【製作者的評語】
「上面為藍箭毒蛙的生態缸。不管是哪座生態缸，我一開始都不打算花太多心力製作，任由植物自然生長。等到牆面完全綠化，作品就完成了。」

【本書監修者的評語】

■ 有多種植物茂密叢生的生態缸更顯真實

這座生態缸真的讓我想到「無為而治」這句話。由於有很多種植物茂密地生長，所以不太會有「人造物」的感覺。成品顯得如此逼真，真是令人讚嘆的作品。

箭毒蛙的生態缸

黃帶箭毒蛙

幽靈箭毒蛙

【生態缸資料】
動物▶黃帶箭毒蛙／幽靈箭毒蛙
飼養箱▶尺寸寬約60.0㎝×深約30.0㎝×高約45.0㎝／玻璃製
照明燈具▶日光燈
底材▶輕石／棕壤
骨架▶沉木／碳化橡樹板
植物▶觀葉植物（秋海棠〔*B. polilloensis*跟*B. negrosensis*〕、小薜荔、翡翠寶石蘭）等等
飼養用物品▶噴霧系統／電腦散熱風扇（換氣用）

【製作者】
Mushi／世界青蛙咬手指協會

【製作者的評語】
「這是專為促進箭毒蛙繁殖而打造的生態缸。意圖重現當地的熱帶雨林樣貌，同時還利用定時器與噴霧系統定期噴霧。」

【本書監修者的評語】

■ 方便維護，外觀美麗的生態缸

這座生態缸不但方便飼養與繁殖，構造還俐落且便於管理。而且為了享受觀賞上的樂趣，讓植物在上方交錯混雜叢生，是具有時尚感的生態缸。我認為這是兼具「方便維護」與「高度觀賞價值」的美麗作品。

MEMO

模仿也是一種學習

在20頁的時候提到過，要提升生態缸作品的完成度，就要多欣賞別人的作品。「模仿也是一種學習」這句在繪畫界流傳的名言，也一樣能應用於製作生態缸的時候。除了可模仿別人作品的整體質感，若有特別欣賞之處也能只參考該部分。

多趾虎的生態缸

【生態缸資料】

動物▶多趾虎，Mt. koghis Friedel Line 品系黑化種

飼養箱▶尺寸寬約60.0㎝×深約45.0㎝×高約90.0㎝／玻璃製

照明燈具▶UV燈（森林專用）

底材▶木屑（椰子殼材質的產品）

骨架▶木材（櫻樹）／軟木樹皮樹洞

植物▶觀葉植物（黃金葛）／人造植物

【製作者】

Omutsu【爬蟲類】

【製作者的評語】

「無論多趾虎是往水平還是垂直方向移動都能休息，而且軟木樹皮樹洞之間有刻意做出適當距離，方便讓牠跳躍與移動。」

【本書監修者的評語】

■ 多花一個小巧思，讓飼養與觀察更有趣

這座生態缸以大型的軟木樹皮樹洞作為主軸，方便讓身型碩大的多趾虎來去自如地自由活動。為了方便讓生物能夠爬上爬下立體活動，特地將軟木樹皮樹洞黏在飼養箱的玻璃牆面，這個小巧思也讓觀察這座生態缸時能有更多樂趣，不禁讓人覺得這個生態缸真棒。

變色龍的生態缸

【↑生態缸資料】
動物▶七彩變色龍（諾西菲力〔Nosy Faly〕）
飼養箱▶尺寸寬約60.0㎝×深約60.0㎝×高約90.0㎝／玻璃製
照明燈具▶UV燈／加熱燈
底材▶寵物尿墊
骨架▶細長的樹枝狀沉木
植物▶人造植物
飼養用物品▶噴霧系統

【↑生態缸資料】
動物▶高冠變色龍（斑色種〔Pied〕）
飼養箱▶尺寸寬約45.0㎝×深約45.0㎝×高約85.0㎝／玻璃製
照明燈具▶UV燈／加熱燈
底材▶寵物尿墊
骨架▶細長的樹枝狀沉木
植物▶人造植物
飼養用物品▶噴霧系統

【製作者】
Fujipiko

【製作者的評語】
「左側大張照片之中的生態缸，為了讓變色龍能夠自行選擇喜好的粗細，而布置了各種沉木。也試著混搭3種人造植物，讓布置變得更酷；右側小張照片中的生態缸，也為了通風而選擇側邊為金屬網的飼養箱來製作。」

【本書監修者的評語】

■ 人造植物配置得恰到好處

就使用的素材性質而言，造景設計上雖然是相當隨興奔放，但是作者靈活地使用了各種形狀的藤蔓與人造植物，是非常恰到好處的配置。也營造了逼真的質感，我認為這項作品的確是很棒的變色龍生態缸。

所羅門石龍子的生態缸

【本書監修者的評語】

■ 毫無多餘之處的生態缸

為了讓大型石龍子能在飼養箱內部自由活動，這座生態缸以絕佳的協調性布滿了軟木樹皮樹枝。而且這3根軟木樹皮樹枝還特別製作成，可以讓所羅門石龍子爬到加熱燈正下方的樣子，也可以兼作日光浴場所之用。我覺得這項作品真的是毫無多餘之處的精準到位。

【生態缸資料】

動物▶所羅門石龍子

飼養箱▶尺寸寬約60.0㎝×深約45.0㎝×高約60.0㎝／玻璃製

照明燈具▶加熱燈／UV燈

底材▶木屑（天然椰子殼材質的產品）

骨架▶軟木樹皮樹枝

飼養用物品▶爬蟲類專用給水器

【製作者】

爬蟲類俱樂部（中野店）

【製作者的評語】

「所羅門石龍子是蜥蜴之中全世界最大的石龍子品種，習性為樹棲性。選用了較粗的軟木樹皮樹枝作為骨架，使用上也較為牢靠，方便所羅門石龍子能爬上爬下立體活動。」

綠錦蛇的生態缸

【生態缸資料】

動物▶綠錦蛇

飼養箱▶尺寸寬約60.0㎝×深約45.0㎝×高約45.0㎝／玻璃製

照明燈具▶加熱燈

底材▶木屑（天然椰子殼材質的產品）

骨架▶人造藤蔓／樹枝

植物▶觀葉植物（黃金葛）、人造植物

飼養用物品▶爬蟲類專用給水器／爬蟲類專用遮蔽處

【製作者】

爬蟲類俱樂部（中野店）

【製作者的評語】

「綠錦蛇是樹棲性的蛇類爬寵。這座生態缸使用了人造藤蔓，比較方便牠攀爬，是能夠立體活動的造景設計。此外在植物方面，混雜配置了天然植物與人造植物。」

【本書監修者的評語】

■ 飼養箱底部不放東西，連管理層面都考慮到

揉合了藤蔓、沉木、人造植物以及各種元素所打造，是座讓生物有藏身之處的生態缸。生態缸造景搭配的厲害之處，甚至讓人有種「咦？蛇跑哪去了？」之感。此外，這座生態缸幾乎沒在底部放置任何素材，所以也很容易更換底材，以及進行其他的維護作業，連管理上的考量都面面俱到。

喬木樹蛙（色彩變異個體／中等體型）的生態缸

【生態缸資料】

動物▶喬木樹蛙

飼養箱▶尺寸寬約46.8㎝×深約31.0㎝×高約28.2㎝／塑膠製＆玻璃製（正面）

照明燈具▶可見光

底材▶輕石／赤玉土

骨架▶沉木

植物▶觀葉植物／苔蘚（大灰苔：當作底材使用）

飼養用物品▶爬蟲類專用給水器

【製作者】

RAF Channel 有馬（本書的監修者）

【本書監修者的評語】

■ 使用葉子與莖部都很粗壯的觀葉植物

為了方便體型嬌小的幼體能快一點吃到活蟋蟀，所以製作了這座不會太過大型的生態缸。喬木樹蛙屬於樹棲性青蛙，因習性天生就會爬到樹枝或是樹葉上面，所以這次的觀葉植物也選擇葉子與莖部相對粗壯的種類。

MEMO

稀有的個體會單獨飼養

這隻喬木樹蛙是每10萬隻才會出現1隻的「色彩變異個體」，所以這座生態缸只養了這隻喬木樹蛙。之所以如此是為了預防萬一，以防止牠與其他個體一起飼養而被傳染疾病的風險。這種色彩變異屬於基因變異的一種，一般認為是因為缺乏「紫色細胞」所引起。

此外，喬木樹蛙大致分成有斑紋以及無斑紋2種，每個地區的喬木樹蛙或是依個體都有會不一樣的斑紋。

體色是黃色而不是綠色的個體非常罕見

一般來說，喬木樹蛙個體身上都有美麗的斑紋

第3章

棲息於荒野的爬寵生態缸

本章介紹的生態缸動物是
棲息於乾燥荒野地帶的爬蟲類。
比方說，非常受歡迎的鬆獅蜥或是豹紋守宮。
由於使用的素材不多，
所以挑選沉木這類素材的環節也顯得更為重要。

尋找符合自己理想的沉木與其他的造景用物品

能設置於荒野生態缸中的造景用物品非常少，所以需要找到本身就極具設計性的素材。

■ 有許多方便製作的簡易版本，非常適合初學者

雖然不需要使用植物就能重現荒野的自然環境，但是若要使用植物，基本上會挑重點使用。由於使用的造景用物品不多，所以這一類的生態缸也很適合「剛開始製作生態缸」的初學者挑戰。由於只會用到幾種造景用物品，所以素材的品質也會左右生態缸的完成度，這意味著找到符合自己理想的造景用物品非常重要，而尋找這類素材的過程也是打造生態缸的樂趣之一。

此外，市面已有各種沙子或是木屑的底材，建議大家從這些商品之中，精心挑選適當的素材。

自然環境與呈現的重點

鬆獅蜥棲息地的澳洲風景

鬆獅蜥也棲息於圖中這種沙漠

利用沙子這種底材，重現乾燥地區的自然環境

■ 利用底材重現乾燥的土壤

以本章介紹的鬆獅蜥為例，鬆獅蜥的分布地區為澳洲內陸地區。該地區為乾燥氣候的荒地，一些地方有長草，有些地方卻如沙漠般寸草不生。重現這類環境的重點之一就是底材，比方說鬆獅蜥的生態缸就很適合爬蟲類專用底材的沙子。

此外，荒野給人一種到處都有樹木倒在地上的印象，而這部分也能利用市售的沉木重現出來。

再者，本章也會介紹大加那利石龍子的生態，因為大加那利石龍子同樣棲息於荒野這類乾燥地區的岩石區，而且常於地表活動。

棲息於荒野的生物之特徵與飼養環境的重點

比周圍還高的場所能讓生物沐浴在燈光之下，可以將此處當成日光浴場所

■ 要替鬆獅蜥打造日光浴場所

要維持鬆獅蜥的健康，就要替牠打造一處日光浴場所，也就是可以享受日光照射的場所。要打造這種場所，首先要設置提升溫度的加熱燈與發出紫外線的UV燈，接著再設置一處高度足以接近這2種燈光的場所。該怎麼打造這類日光浴場所，才能讓整座生態缸變得更美麗，也是打造生態缸的重點之一。

此外，建議大家設置讓生物有地方藏身的遮蔽處，以減輕牠們的壓力。而且也能花點心思，為牠們打造出精美的遮蔽處。

將PVC管T型接頭當成遮蔽處使用

以沙子當底材重現荒野模樣，再搭配上富有設計感的沉木

在此要以替鬆獅蜥量身打造的生態缸為例，
介紹棲息於荒野的爬寵生態缸之製作方法與美觀訣竅。

Close Up

沉木與鬆獅蜥非常相襯

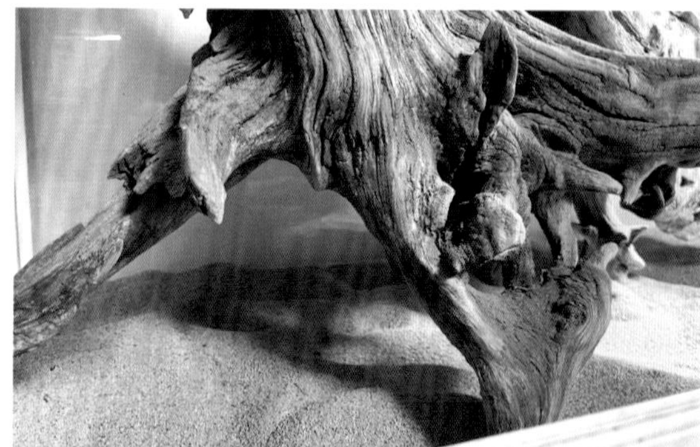

在沉木的底部有一處供生物藏身的空間

■ 沉木決定完成度

這是只鋪了沙子作為底材，再於其上設置大型沉木就完成的簡易生態缸。正因為造景用物品不多，所以沉木的形狀與大小就顯得格外重要。挑選素材、尋找素材都是打造生態缸的過程之一，建議大家走出家門，尋找符合自己理想的素材吧。

這個範例使用了2根大型沉木，也藉著組合它們以做出「①打造生物藏身之處的遮蔽所」、「②能夠稍微爬上爬下的歇腳處」與「③溫暖身體的日光浴場所」這3種場所。

能飼養於相同環境的其他爬寵

- 盾甲蜥
- 刺尾蜥
- 橙點石龍子

※其他棲息於乾燥地區的中大型蜥蜴等等

重點

■ 日光浴場所

鬆獅蜥是晝行性動物，當處於自然環境時，牠們早上會先曬曬太陽，再展開一天的活動，所以基本上也要在飼養箱設置一處可以讓牠們做日光浴的地方（日光浴場所）。此外，這個範例使用了能發出紫外線與提升溫度的燈具。

■ 重現荒野

野生的鬆獅蜥是棲息於日照強烈又乾燥的荒野，所以這座生態缸也依照該地的形象打造。

■ 組合沉木之美

乍看之下，似乎只有1根大型沉木，但其實這座生態缸之中的沉木是由2根沉木所組成。在設置沉木時，嘗試了不同的角度與方式，最終總算找到最完美的組合方式。

荒野生態缸的重點

■ 考慮生物的動作

在荒野生態缸動物物種的棲息地，有許多岩石與倒在地上的樹木，在生態缸配置沉木，就能重現出如此氛圍。而此時製作的重點在於，要記得替生物預留足夠的地面空間，讓牠們能夠自由地活動。如果牠們因為飼養箱內部的東西太多而無法自由活動，生物就會累積壓力。

■ 植物要重點配置

要是設置過多的植物，當生物在地面活動時就會不小心損害植物。因此在製作荒野生態缸時，要刻意將植物配置在角落附近。

另外，由於鬆獅蜥也會以植物為食，所以會有誤食人造植物的可能，因此造景用物品不太適合使用人造植物。

適當地設置立體的造景用物品

➡照片中的生態缸在104頁

重點配置幾樣植物即可

➡照片中的生態缸在96頁

了解鬆獅蜥

體色為少班橘（Hypo Orange）鬆獅蜥

■ 個性溫馴，容易飼養的爬蟲類寵物

鬆獅蜥分布於澳洲，是澳洲的原生種。牠也是常被當成寵物飼養的爬蟲類，受歡迎的程度也不下於豹紋守宮（96頁），可說是非常受歡迎的品種之一。目前在市面流通的都是人工繁殖的個體，體色與花紋也五花八門。

一般來說，鬆獅蜥最大可長至全長60㎝的程度。儘管需要較寬敞的空間飼養，但是鬆獅蜥比一般的蜥蜴強壯，而且個性也很溫馴，所以算是比較容易飼養的物種。另外牠與豹紋守宮不同的地方，是鬆獅蜥不會自己斷尾。

【生物資料】

- **種屬**／爬蟲類，飛蜥科鬆獅蜥屬
- **全長**／約40～60㎝
- **壽命**／約8～10年
- **食性**／以動物為主的雜食性
- **外觀特徵**／脖子附近有一圈宛如鬃毛的棘狀構造。由於外型看起來「很帥」，所以也被譽為「小恐龍」
- **飼養重點**／由於鬆獅蜥是棲息於日照強烈、全年氣溫很少低於10度的地區，所以要特別注意冬天防寒的溫度管理。一般來說，會同時設置加熱燈與UV燈。

  一般認為，鬆獅蜥為雜食性，但也會吃小松菜這類蔬菜或是香蕉這類水果。幼體時期可以餵食蟋蟀或是人工飼料為主來飼養。

荒野生態缸的動物

■ 專為不會爬樹、主要在地面活動的生物所打造的生態缸

除了鬆獅蜥之外，盾甲蜥、刺尾蜥也是棲息於乾燥地區的中大型蜥蜴，而這類蜥蜴也能飼養於這次介紹的生態缸。與樹棲性生物不同的是，這些蜥蜴通常都在平面活動。

本章也會介紹豹紋守宮與大加那利石龍子的生態缸。

雖然豹紋守宮可以單純養在「廚房紙巾的底材＋給水器＋遮蔽處」這種簡易構造的飼養箱中，但光是將底材換成天然材質，就能讓飼養箱的內部環境變得截然不同。

另外，大加那利石龍子是棲息於岩石區，而不是荒野。不過牠也與鬆獅蜥、豹紋守宮一樣，都是在地面活動的生物。

本章介紹的物種

豹紋守宮（Leopard gecko）
與鬆獅蜥一樣，都是非常受歡迎的物種。
➡詳情請見96頁

大加那利石龍子
擁有美麗藍色尾巴的蜥蜴。
➡詳情請見100頁

準 備

【飼養箱等】

飼養箱▶尺寸寬約90.0㎝×深約45.0㎝×高約60.0㎝／玻璃製

照明燈具▶兼具UV&加熱功能的燈具

【造景用物品】

底材▶底材專用沙

骨架▶沉木（2根大型沉木）

■ 準備符合生物體型的大型飼養箱

製作生態缸的基本做法是，會根據生物的體型來決定飼養箱的尺寸。大部分的鬆獅蜥可以長到50㎝左右，所以這次準備了寬約90㎝的大型飼養箱。

荒野生態缸的造景用物品

■ 挑選適合自家生態缸的底材

由於鬆獅蜥都是在地面生活，所以底材的選擇也顯得特別重要。市面上有許多專為爬蟲類設計的底材，而且各有特點。選擇符合自己理想生態缸的底材吧。

底沙

這次替鬆獅蜥挑選了這種專用沙子作為底材，藉此營造出荒野的氣氛。

泥土

將土壤烘烤固化的素材，為一粒一粒的顆粒狀。

木屑

木屑是碾碎的木材，也可以再細分成不同類型。

步 驟

步驟❶ 鋪上底材

❶在飼養箱倒入底沙

第一步要先鋪上作為底材的底沙。先將底沙倒入飼養箱內。

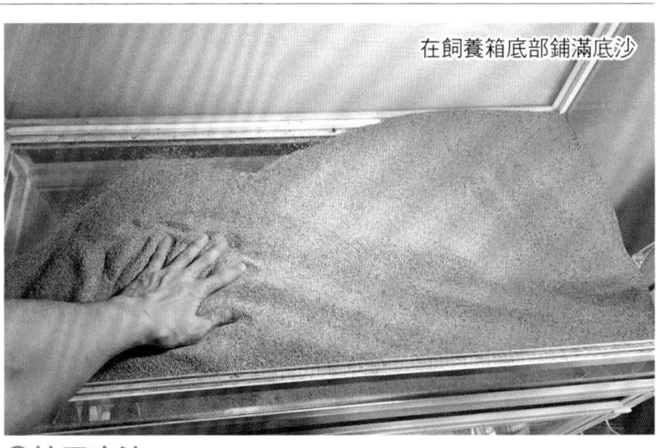

在飼養箱底部鋪滿底沙

❷抹平底沙

接著動手將底沙整體抹平。底沙層的厚度以3㎝為基準。

步驟❷ 打造骨架

❶設置第1根沉木

設置作為飼養箱骨架的第1根大型沉木。先思考設置沉木的方向再決定位置。

❷設置第2根沉木

這座生態缸的骨架是由2根沉木組成。設置好第1根之後，接著設置第2根沉木。

打造荒野生態缸的骨架

■ 尋找迷人的素材

要想重現荒野這種自然環境，會用到的造景用物品不是石頭就是木材。所以對於使用的造景用物品不多的荒野生態缸來說，想要提升完成度的關鍵在於，能不能取得合適的造景用物品。

尤其很適合用來演繹自然環境的沉木，具有不同的形狀與大小，是非常建議大家試著活用的素材。

沉木有很多種形狀，請大家努力找到符合自己心中理想的素材

➡詳情請見96頁

除了荒野生態缸之外，沉木也能用在其他生態缸中

➡詳情請見100頁

步驟❸ 確認整體並收尾

❶確認整體的協調性

以上的作業完成後，確認整體的協調性，再視情況調整。

➡完成的生態缸在90頁

❷緩緩地放入生物

生態缸布置完成後，緩緩地放入生物。

維護與飼養的重點

【維護重點】

■更換底材

荒野生態缸的底材通常是天然素材，所以建議一個月就要整個更換1次。另外，換下來的素材也有不同的丟棄方式，如果不清楚的話，可查詢地方政府的相關規定。

■植物的照顧

適合用來重現荒野生態缸的植物就是空氣鳳梨屬的植物，統稱為空氣鳳梨。雖然不同的品種會有不同的照顧方式，但空氣鳳梨通常是以每週噴水1到2次的頻率澆水。

■飼養箱的維護重點

與維護其他類別的生態缸一樣，只要看到飼養箱的玻璃髒了，就要趕快利用科技海綿或是質地柔軟的布料擦拭汙垢。

■排泄物的處理

與其他類別的生態缸一樣，一發現排泄物就立刻以鑷子撿起來。

【飼養重點】

■管控生物的水分補給與溫度

這次替鬆獅蜥打造生態缸的時候，沒有設置給水器。這是因為就算設置了給水器，鬆獅蜥也不一定會喝給水器裡面的水。鬆獅蜥通常是透過吃下蔬菜、水果與昆蟲補充水分。不過，這僅是指飼養鬆獅蜥的情況，豹紋守宮的生態缸就需要另外設置給水器了。

而在溫度管控方面，鬆獅蜥的生態缸通常會設置UV燈與加熱燈，但是當這些燈具一直開著，性能早晚會越來越低下。所以請大家依照包裝上的指示，定期更換燈具。

要定期更換燈具

■餵食的重點

在荒野生態缸的動物種類之中，鬆獅蜥的進食習慣算是有點特別。因為牠除了吃蟋蟀這類昆蟲或是市售的人工飼料，也吃蔬菜與水果：例如小松菜、青江菜、豆苗都是牠會吃的蔬菜；而香蕉、蘋果、草莓等也是可以餵牠吃的水果。如果不知道什麼東西能餵牠吃，可以請教爬蟲類專賣店的員工。

此外，本章介紹的豹紋守宮或是大加那利石龍子，則以蟋蟀這類昆蟲為主，而有些豹紋守宮的飼主則是以人工飼料為主。

為了避免生物在進食之際傷到口腔，先摘掉蟋蟀的後腳再餵食

Layout ▸ 12 豹紋守宮(Leopard gecko)

重點配置空氣鳳梨，輕輕鬆鬆就能完成的簡易生態缸

若要為豹紋守宮量身打造，就做相對簡易的生態缸。
從中挑選出重點的素材來配置吧。

從正面俯視

Close Up

空氣鳳梨能演繹自然環境的氣氛

遮蔽處配置在飼養箱的左側深處

■ 挑選重點使其更加簡潔

這次為了非常受歡迎的豹紋守宮打造了簡易的生態缸。只要一切準備就緒，就能在短時間之內完成這項作品。

豹紋守宮主要分布於中東，其棲息地正是不折不扣的「荒野」，而打造生態缸的重點就在於能否重現印象中的荒野。在此特地使用了空氣鳳梨造景，不過不需要用太多，因此在數量上有所精簡。底材雖然可以使用廚房紙巾，但使用泥土會更逼真。

能飼養於相同環境的其他爬寵

- 肥尾守宮

※其他同科屬的爬蟲類等等

重　點

■ 細長的飼養箱

這次使用的飼養箱為背面與側面都是塑膠製、正面為玻璃製的種類。正面的部分為左右對開的形式。由於深度不深，所以方便從正面觀察，也很容易維護，算是非常方便使用的飼養箱。

■ 力求簡潔

豹紋守宮比較少做爬樹等立體運動，牠通常都是在地面移動，所以與其布置一堆造景用物品，不如只做重點布置，讓豹紋守宮有足夠的空間可以活動。

■ 使用有流行感的素材

市面上有各式各樣的爬蟲類專用給水器，建議大家使用造型具有特色的給水器，作品也會顯得更加完美。此外，豹紋守宮的生態缸通常會設置遮蔽處，也建議大家挑選符合風格的素材打造遮蔽處。

挑選符合風格的給水器

了解豹紋守宮

貝爾白化（Bell Albino）的品系

■ 是日本國內飼養數量最多的爬蟲類之一

豹紋守宮的英文為「Leopard gecko」，在居家飼養的爬蟲類之中，算是最受歡迎的一種，日本國內也有許多喜愛牠的飼主。由於有很多業者繁殖，所以體色以及花紋也是五花八門。

豹紋守宮原本的主要棲息地為印度、伊朗或是其他中東地區，這些地區的降雨量都不高，比較偏向荒野的感覺。就分類而言，豹紋守宮是壁虎，但就樣貌與生態來看，卻比較接近一般蜥蜴呢。

夜行性的豹紋守宮喜歡在晚上活動。

【生物資料】

- **種屬**／爬蟲類，擬蜥亞科擬蜥屬
- **全長**／約20～25㎝
- **壽命**／約10～15年
- **食性**／動物（以昆蟲為主）
- **外觀特徵**／體表有如肉食動物豹一般的花紋，尾巴相對粗大是其特徵
- **飼養重點**／豹紋守宮的主要棲息地降雨量不多，濕度穩定，所以要特別注意乾燥的問題。此外，基本上全年溫度最好維持在28～30度之間。雖然豹紋守宮的個性溫馴，能夠上手觀賞，但是一緊張還是會斷尾求生，所以千萬要小心地對待牠們。

  一般來說，牠們吃活蟋蟀這類昆蟲（或是冷凍昆蟲），市面上也有專用的人工飼料。

準　備

■ 利用空氣鳳梨點綴色彩

自然環境下的豹紋守宮棲息在荒野，所以使用分布於降雨量不高的地區之植物最為恰當。

【飼養箱等】
飼養箱▶尺寸寬約46.8㎝×深約31.0㎝×高約28.2㎝／塑膠製＆玻璃製（正面）

【造景用物品】
底材▶泥土
骨架▶—（不使用大型素材當骨架）
植物▶空氣鳳梨（4種）
其他▶沉木（小型）

【飼養用物品】
遮蔽處▶模擬爬蟲類專用岩石的製品
給水器▶爬蟲類專用給水器

【作業所需用品】
固定用素材▶熱熔膠（由熔化的樹脂製成的黏著劑：用來黏著空氣鳳梨與沉木）

步　驟

步驟① 鋪上底材

❶鋪上底材的泥土

在飼養箱的底部鋪上底材的泥土。基準為盡量均勻地鋪上薄薄的一層。

Check!

底材可換成廚房紙巾

飼養豹紋守宮的底材也可以換成廚房紙巾。不過，看起來不太美觀。

豹紋守宮的生態缸建議使用自然素材

步驟② 設置遮蔽處與沉木

❶設置遮蔽處

設置遮蔽處。設置的位置選在飼養箱的左後方。

❷設置沉木

設置沉木。遮蔽處與沉木會決定整體的氛圍，所以要慎重考慮位置。

步驟③ 設置主要的植物

❶將主要的植物設置在沉木上

這個步驟要在準備好的植物（空氣鳳梨）之中，選出較為大型的主要植物設置在沉木上面。

Check!

利用熱熔膠固定

在此要使用熱熔膠將主要的植物固定在沉木的上面。

黏著空氣鳳梨的根部與沉木

步驟④ 設置次要植物並收尾

❶設置次要植物

設置畫龍點睛的次要植物（空氣鳳梨）。

❷設置給水器並收尾

設置給水器。最後確認整體的設計是否協調，再視情況微調就完成了。

➡完成的生態缸在96頁

Check!

視情況決定設置的方式

除了使用黏著劑固定植物之外，還有其他設置植物的方法。在此是利用熱熔膠將植物黏在遮蔽處，其他的植物則是夾在沉木上，或是直接放在底材上。

直接將空氣鳳梨放在底材上也可以

NG 不要堆太高

豹紋守宮的體長只有15～20cm左右，而且通常都在地面活動，所以不太適合利用一堆瑣碎的小型造景用物品，配置出做工精緻的生態缸。基本上，要在生態缸內部預留豹紋守宮能夠自由活動的空間。

此外，也不要將素材堆得太高，以免在豹紋守宮爬上去的時候崩塌。

維護與飼養的重點

【維護重點】

■替空氣鳳梨澆水

不同的空氣鳳梨需要的水量不同，但基本上每週替空氣鳳梨噴水1到2次即可。

【飼養重點】

■餵食的重點

若底材使用泥土，掉落的人工飼料會黏在泥土表面，所以建議以活蟋蟀或是冷凍蟋蟀這類昆蟲餵食。

Layout 13 大加那利石龍子

使用方便觀察的細長飼養箱，將沉木組成立體的骨架

打造生態缸從挑選飼養箱開始。
使用細長的飼養箱就能輕鬆觀察小型生物平常的模樣。

正面

Close Up

這是從正上方看飼養箱左側的樣子。為了方便觀察生物，特地將造景用物品布置在後方

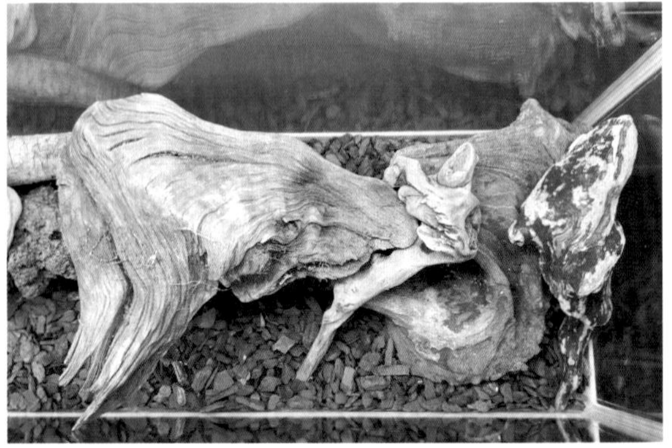

這是從正上方看飼養箱右側的樣子。這個區塊主要以沉木為中心造景

利用 PVC 管的接頭打造遮蔽處

能飼養於相同環境的其他爬寵

● 日本石龍子（※日本石龍子的跳躍力很強，所以必須要加蓋）

■ 準備各式各樣的沉木

大加那利石龍子的體型大概約 15 ～ 20㎝，所以不需要太過大型的飼養箱。如果飼養箱太深，正面所見的陰影部分就會很多，所以這個範例考慮到觀察生物的難易度，使用了相對於寬度的長度，深度較淺的飼養箱。

此外，大加那利石龍子偶爾會躲進地底，所以最好使用木屑這類底材。在此為了高保濕性與顧慮美觀，特別挑選了松樹皮（Pine bark）作為底材。

在布置這類陸生動物生態缸的時候，通常會打造成平面的空間，不過這次的重點在於，均衡地配置各種形狀或大小的沉木，演繹出立體感的空間。

重 點

■細長的飼養箱

在此使用的是「深度相對少於寬度」的細長飼養箱。這種飼養箱的優點在於能輕鬆地從正面觀賞生物。

■小型給水器

給水器是讓生物活得健康所不可或缺的飼養用物品，使用設計精緻的給水器，可以大幅提升作品的完成度。由於這座飼養箱比較淺，生物的體型也比較嬌小，所以選用了小巧精美的給水器。

■讓各區有不同的溫度

這次打算在這座生態缸的右側設置加熱燈，讓不同的區塊有不同的溫度。也為了讓生物有地方曬太陽，也在右側設置了UV燈。不過要是在整座生態缸布滿了植物，植物很有可能會因為乾燥而枯死，所以這次將植物重點設置在另一側的角落。

了解大加那利石龍子

■尾巴帶有藍色光澤的漂亮小型蜥蜴

大加那利石龍子是棲息於非洲大陸西北處的加那利群島大加那利島（西班牙領地）之蜥蜴，又稱為大加那利蜥蜴，這兩者都是常見的名稱。

此外，加那利群島位於相對乾燥的亞熱帶地區，全年最高溫度介於20～30度之間，最低氣溫也只落在15～21度之間，是全年都很舒適的氣候。

大加那利石龍子的一大特徵就是藍色尾巴，圓筒狀的身體十分修長，接在身體的四肢卻短短的。雖然牠們的體型不大卻很強壯，一般來說，算是容易飼養的爬蟲類。

【生物資料】

- **種屬**／爬蟲類，石龍子科銅蜥屬
- **全長**／約15～20㎝
- **壽命**／約5～10年
- **食性**／以動物為主的雜食性（除了吃昆蟲，也吃植物的果實）
- **外觀特徵**／帶有藍色光澤的尾巴是其最美麗的特徵
- **飼養重點**／大加那利石龍子是棲息於溫暖的亞熱帶地區的生物，所以要特別注意溫度與濕度的管控。

在濕度方面，雖然棲息地屬於稍微乾燥的地區，但是有時會躲在稍微潮濕的土壤中，所以在飼養箱劃分乾燥與潮濕的區塊，是最為理想的方式。

一般來說，牠們主要吃活蟋蟀（或是冷凍蟋蟀）這類昆蟲。

準　備

PVC管的接頭可在居家生活賣場購得

底材的部分使用了Pine bark（松樹皮素材的製品）木屑

■將PVC管當成遮蔽處使用

替陸生動物布置遮蔽處，讓牠們有地方可以藏身，能夠有效減輕牠們的壓力。在此以空地水泥管的懷舊氛圍為藍圖，將PVC管接頭當成遮蔽處使用。

【飼養箱等】

飼養箱▶尺寸寬約60.0㎝×深約17.0㎝×高約25.4㎝／玻璃製

照明燈具▶加熱燈／UV燈

【造景用物品】

底材▶木屑（松樹皮素材的製品）

骨架▶沉木／熔岩石

植物▶觀葉植物

其他▶PVC管接頭（當作遮蔽處使用）

【飼養用物品】

給水器▶爬蟲類專用小型給水器

步　驟

步驟❶ 鋪上底材，打造骨架

❶鋪上底材

首先處理基底的部分，也就是在飼養箱底部鋪滿木屑。

Check!

選用高保濕度的底材

市面上有各式各樣的生態缸底材製品，根據特徵與形狀挑選適當的底材，也是打造生態缸的重點之一。這次為了保濕而選擇了松樹皮。

❷設置沉木

接著設置作為骨架的大型沉木，照片中的即為當成骨架使用的沉木。

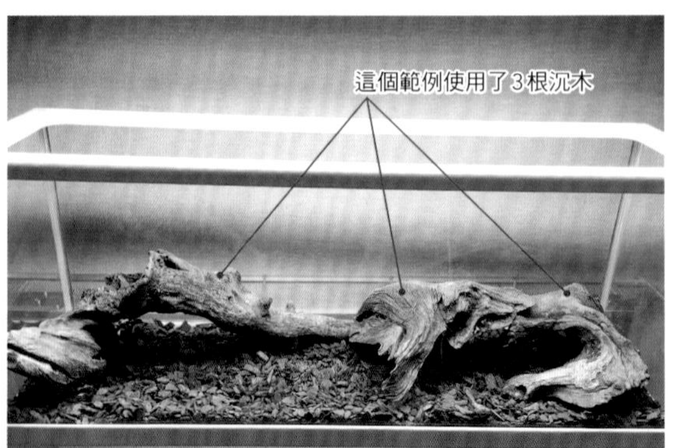

❸調整協調性

設置好沉木之後，確認整體是否協調。可視情況調整沉木的位置。

步驟❷ 設置遮蔽處

❶設置遮蔽處

設置PVC管接頭，當成遮蔽處使用。

Check!

尋找符合理想的素材

這次以人類可以爬進爬出的水泥管為意象，選用了PVC管作為遮蔽處，讓設計顯得別出心裁。當然PVC管也兼具讓生物躲藏的實用性。

PVC管會成為生物躲起來休息的場所

步驟❸ 設置植物等造景用物品並收尾

❶設置植物

一如101頁所述，考慮到飼養箱內的環境，特地將植物設置在角落。

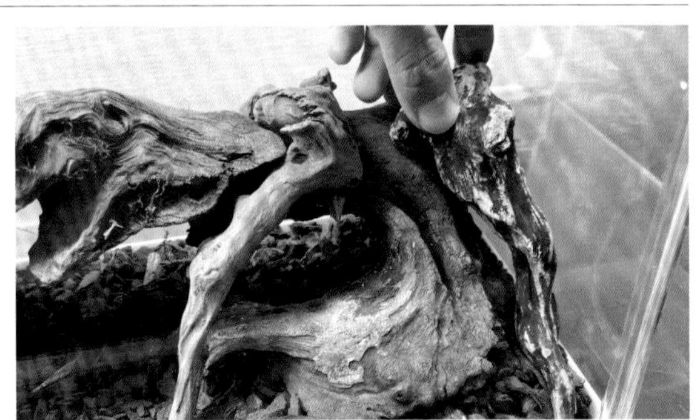

❷設置小型沉木

顧慮到美觀，選在重點的位置布置了小型（細長）沉木。

❸設置熔岩石

接著是設置熔岩石。熔岩石可用來固定沉木或是調整沉木的高度。

❹設置給水器

接著是設置給水器。觀察整體的外觀是否協調。

➡完成的生態缸在100頁

維護與飼養重點

【維護重點】

■衛生方面的維護

基本上，會利用鑷子夾掉排泄物。此外給水器的水也要定期更換，並且以一天1次的頻率在飼養箱內部噴水霧。

【飼養重點】

■餵食的重點

雖然每個人的飼養風格不同，但一般來說，會在飼養箱放入小隻的活蟋蟀，當作牠的餌料餵食。

在此除了介紹爬蟲類、兩棲類玩家製作的荒野生態缸，還會介紹製作者與本書監修者的評語。每項作品都很有特色，也透過許多精心的設計讓生物住得更加舒適。

犰狳蜥的生態缸

【生態缸資料】

動物▶犰狳蜥

飼養箱▶尺寸寬約90.0㎝×深約46.5㎝×高約47.5㎝／玻璃製

照明燈具▶日光燈／UV燈（2種）／加熱&UV兼用燈

底材▶木屑（天然椰子材質的製品）／底材專用沙（天然胡桃殼材質的製品）

骨架▶沉木（多種）／軟木樹皮／市售的日光浴場所專用石

植物▶人造植物

飼養用物品▶爬蟲類專用給水器

【本書監修者的評語】

■ 中間的樹木是最主要的重點

這座時髦的生態缸是根據生物特性所設計，也散發著濃濃的荒野氛圍。尤其是配置在中央的「樹木」更是巧妙，讓我也很想模仿這種設計。

【製作者】

悠悠哉哉的爬蟲類 Ami

【製作者的評語】

「犰狳蜥是非常膽小的蜥蜴，所以這次製作時以遮蔽處為主，刻意打造了遮蔭充足的流暢動線，讓牠能夠隨時藏身或是從暗處走出來。」

尼日王者蜥的生態缸

【生態缸資料】
動物▶尼日王者蜥
飼養箱▶尺寸寬約90.0㎝×深約45.0㎝×高約45.0㎝／玻璃製
照明燈具▶加熱燈／UV燈
底材▶底材專用沙（天然胡桃殼材質的製品）
骨架▶磚塊／石板（經過平切的岩石）／天然岩石
造景用物品▶市售的日光浴場所專用石
飼養用物品▶爬蟲類專用給水器

【製作者】
爬蟲類俱樂部（中野店）

【製作者的評語】
「這次將磚塊與石板組成日光浴的場所與遮蔽處。」

【本書監修者的評語】

■充滿岩石區氛圍的高度品味

從上方的照片可以發現，這項作品利用石板與磚頭，打造了遮蔽處與日光浴場所，同時還營造出岩石區的高品味氛圍。此外，從下面的照片可以發現，這項作品利用保麗龍板材質的背景板打造了遮蔽處與日光浴場所。雖然要模仿的話難度有點高，卻是非常值得挑戰的作品。

刺尾巨蜥的生態缸

【生態缸資料】
動物▶刺尾巨蜥
飼養箱▶尺寸寬約90.0㎝×深約45.0㎝×高約45.0㎝／玻璃製
照明燈具▶加熱燈／UV燈
底材▶木屑（天然椰子殼材質的產品）
骨架▶磚塊／保麗龍板（以聚苯乙烯樹脂製作的隔熱材質）／水泥
飼養用物品▶爬蟲類專用給水器

【製作者】
爬蟲類俱樂部（中野店）

【製作者的評語】
「這次除了利用保麗龍板製作背景板，還為了讓質感更加逼真，特地在表面塗抹了水泥，重現出由岩石疊合而成的岩壁。由於背景板兼具遮蔽處與日光浴場所的功能，所以不需要再布置任何其他的造景用物品。」

Collection of morph — 品系集 —

有些爬蟲類或是兩棲類擁有各種的體色與紋路，例如豹紋守宮就是其中一種。豹紋守宮的生態缸相對簡易，很推薦初學者製作。如果找到喜歡的作品，不妨試著挑戰看看。

橘化川普（Tangerine Tremper）

原子橘子（Atomic Tangerine）

派銀河（Pied Galaxy）

黑夜（Black Night）

方解石（Calcite）

土匪（Bandit）

雷達謎（Rader Enigma）

超級馬克雪花（Super Mack Snow）

蜜橘血系（Blood Mandarin）

氣旋（Cyclone）

雪花白騎士（Snow White Knight）

超級方解石（Super Calcite）

第4章

棲息於水岸的爬寵生態缸

基本上，水岸生態缸都需要設置水區。
比方說，可利用底材營造具有高低落差的地勢，
讓水往低處集中，或是讓底部積水，再設置沉木當作陸地，
有時候也可以只布置給水器。
就讓我們先想像完成的模樣，再開始打造生態缸吧。

在飼養箱設置水區，利用觀葉植物與苔蘚點綴色彩

乍看之下，水岸生態缸似乎很複雜，但製作起來其實很簡單，重點在於將植物布置在局部的空間中。

■ 要說的話，平面生態缸還是比較簡單

基本上，水岸生態缸的動物都是棲息於水區附近的生物，所以飼養箱內也都需要設置水區。這或許會讓大家覺得「做起來很困難」，但水岸生態缸通常是平面的，使用的素材也不多，所以難度也比森林生態缸來得低。本章介紹的是劍尾蠑螈與宮古蟾蜍的生態缸，2種的製作門檻都不算高。此外，這2種生物雖然都是分布於沖繩縣，但是牠們的近緣種都棲息於日本本州。換句話說，牠們都能適應日本的氣候，所以牠們在日本是容易飼養、不用太過擔心溫度與濕度的生物。

自然環境與呈現的重點

此為沖繩的水岸，也是綠意盎然的美麗風景

蠑螈類也棲息於水岸附近的岩石區

水岸的岩石通常會長出苔蘚。希望能重現此樣貌

■ 參考沖繩的水岸

劍尾蠑螈與宮古蟾蜍都棲息於日本沖繩縣的河川、水池，或是鄰近水岸的森林、草叢等自然環境之中。

如果曾經去沖繩旅行過，在當下看到的風景就會是最好的教科書。另外，網路上也有不少沖繩的風景照片，在製作水岸生態缸時，也可以參考這些照片。

在各種造景用物品之中，最需要注意的就是苔蘚。由於苔蘚通常長在水岸，所以很適合用來打造水岸生態缸。但苔蘚畢竟只是個總稱，實際上的種類非常多，還請大家選擇符合自己理想的種類，也可以視情況搭配多種苔蘚，打造更美觀的生態缸。

棲息於水岸的生物之特徵與飼養環境的重點

■ 水區的設置方式將是一大分水嶺

水岸生態缸的陸地與水區之比例，通常會隨著動物的種類而有所不同。一般來說，水區的範圍不需要太廣。雖然本章介紹的蠑螈類的水區比青蛙類的水區設置得更加寬廣，但就比例而言，還是有陸地的比例高於水區的範例。

此外，就飼養箱內的水區設置方式而言，可讓「飼養箱的底部產生高低落差，讓水積在低窪處」或是「將大型沉木當成陸地，然後讓飼養箱的底部積滿水」，不然也可以根據「生物品種或是作品風格另外設置給水器」。請大家務必在設置水區這點多費點心，因為作品的最終模樣會因此而截然不同。

一旦水變得渾濁，就不太美觀。所以水岸生態缸必須要勤於維護

利用高低落差打造水區，再依造風格均衡地設置苔蘚

這次要介紹的是劍尾蠑螈的生態缸。
主要是利用高低落差製作水區，介紹水岸生態缸的打造法。

從右上方俯視

Close Up

留意自然環境的樣子，均衡地布置苔蘚

並未設置給水器，而是在飼養箱中做出高低落差以打造水區

■ 在飼養箱創造高低落差，藉此打造水區

這個生態缸乍看之下好像很複雜，但其實製作方法比想像中還要簡單。

劍尾蠑螈的生態缸當然需要水區，但這次未在飼養箱中使用給水器，而是利用輕石這類底材在飼養箱中創造出高低落差的地勢，再於低窪倒水，藉此打造水區。這種構造是這個範例的一大重點，也與本書介紹的其他生態有著截然不同的風格。

能飼養於相同環境的其他爬寵

- 紅腹蠑螈

※ 其他體型差不多的蠑螈等等

重 點

■ 遮住植物的根部

在使用觀葉植物時，連同塑膠盆器一起放入。在此利用苔蘚遮住盆器，所以並不突兀。

■ 使用2種苔蘚

自然環境下的苔蘚通常長在潮濕的區域，所以很適合用來布置水岸生態缸。在此使用了大灰苔與包氏白髮蘚，將大灰苔廣泛用在陸地的範圍，包氏白髮蘚則以布置在沉木的邊緣為主，藉此打造出具高度觀賞價值的生態缸。

左側照片之中的紅圈處就是包氏白髮蘚

水岸生態缸的重點

■ 可用給水器充當水區

基本上，水岸生態缸都需要布置水區，但其實可將給水器當成水區。要注意的是，給水器的尺寸與深度需要根據動物的種類挑選。

此外，市面上也有各種給水器，根據生態缸的風格挑選理想的種類，也是非常重要的關鍵。

■ 視情況布置苔蘚

雖然苔蘚很適合用來布置水岸生態缸，但還是要根據動物的種類考量適當的配置。以本章介紹的宮古蟾蜍為例，體型碩大的宮古蟾蜍常在陸地移動，所以若在底部鋪滿苔蘚，恐怕會被牠摧殘得破損不堪。所以像這樣的話，視情況於重點配置苔蘚是最為理想的做法。

可用給水器充當水區。重點在於挑選符合自己理想的製品

➡照片中的生態缸在118頁

如果苔蘚有可能被生物踩踏破壞，最好只於重點處配置苔蘚

➡照片中的生態缸在118頁

了解劍尾蠑螈

■ 容易飼養的日本原生種

劍尾蠑螈是紅腹蠑螈的近緣種，後者棲息於日本本州、四國、九州的水田或水池之中；前者主要的分布地區為沖繩縣，不過與紅腹蠑螈一樣，都是日本的原生種。

劍尾蠑螈與紅腹蠑螈的差異之一，在於其細長的尾巴。由於細長的尾巴長得很像劍，所以才被命名為劍尾蠑螈。

劍尾蠑螈與其他的蠑螈類都習慣在水草產卵，但有時會在接近水區的草叢發現牠們，因此牠們並非純粹的水生生物，而是半水生生物。

【生物資料】

- **種屬**／兩棲類，蠑螈科蠑螈屬
- **全長**／約14～18㎝
- **壽命**／約20年
- **食性**／動物（以昆蟲的幼蟲為主）
- **外觀特徵**／腹部呈橘色，身體側邊有橘色條紋，背部與身體側邊都有黃色斑點。每隻劍尾蠑螈的體色與紋路會有個體差異
- **飼養重點**／牠分布於全年高溫的日本沖繩縣，所以飼養在天氣會變得特別寒冷的地區時，要特別注意溫度的管控。不過，相較分布於日本之外地區的其他蠑螈，日本原生種的劍尾蠑螈更能適應日本的氣候，體質也更為強壯，所以算是比較容易飼養的品種。牠們的個性雖然從容，卻也很好動，所以非常適合觀賞。在餵食方面，可選擇方便存放的赤蟲飼料或是烏龜專用的綜合飼料。

水岸生態缸的對象

■ 棲息於水岸的青蛙也是這類生態缸的動物

近緣種的紅腹蠑螈也能飼養於這次介紹的生態缸。此外，本章也會介紹宮古蟾蜍的生態缸。

本章介紹的物種

宮古蟾蜍

宮古蟾蜍與劍尾蠑螈一樣，都是分布於沖繩縣的生物。圓滾滾的身形實在很可愛。

➡詳情請見118頁

MEMO

兩棲類的幼體是透過鰓呼吸

所謂的兩棲類就是在幼體時，棲息於水中並透過鰓呼吸；長大之後利用肺與皮膚呼吸，棲息於水區附近的生物。除了蠑螈與青蛙之外，山椒魚也是知名的兩棲類動物。此外，蠑螈與山椒魚的繁殖方式不同，蠑螈是體內受精，山椒魚則是體外受精。

準備

■ 準備多種觀葉植物、苔蘚與赤玉土

這次的範例準備了多種觀葉植物、苔蘚與當作底材使用的赤玉土。雖然這些素材就算都只準備1種，也能製作出生態缸，但是多準備幾種造景用物品，可讓作品更具外觀變化與觀賞價值。

【飼養箱等】
飼養箱▶尺寸寬約58.0㎝×深約39.2㎝×高約32.0㎝／塑膠製＆玻璃製（正面）

【造景用物品】
底材▶輕石／赤玉土（大顆粒與小顆粒2種）
骨架▶沉木
植物▶觀葉植物（多種）／苔蘚（大灰苔、包氏白髮蘚）

關於飼養箱的尺寸與形狀，可挑選用來飼養天竺鼠等小動物的製品

根據動物的種類與所棲息的自然環境來選擇植物

準備了2種苔蘚。作品的完成度比起只有1種，會更加提升

這次混合使用了大顆粒與小顆粒的赤玉土，調出更接近自然環境的土壤

水岸生態缸的飼養用物品

■ 選擇富有設計感的給水器

水岸生態缸必須設有水區，而劍尾蠑螈的生態缸會分成陸地與水區這2個區塊。雖然飼養箱本身也能裝水，但也可以選擇另外設置給水器。

➡照片中的生態缸在118頁

步　驟

步驟❶ 打造骨架

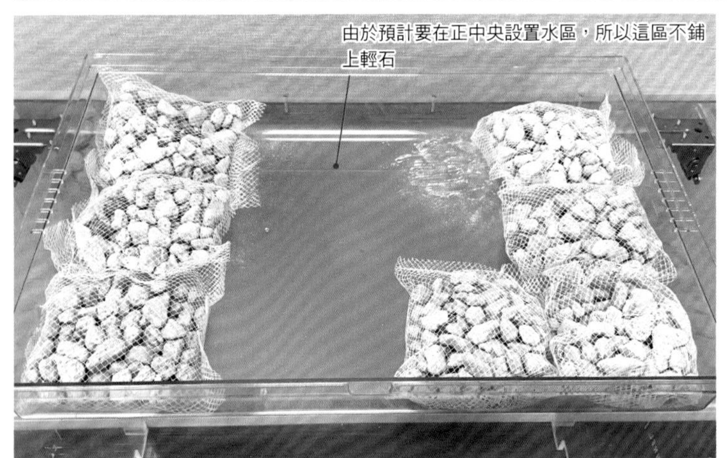

❶鋪上輕石

先想像完成的模樣，再於飼養箱底部鋪上輕石。

Check!

決定陸地與水區的位置

以劍尾蠑螈的生態缸而言，這次打算讓陸地的比例高於水區，比率大概是7：3左右。因此試著在飼養箱鋪上輕石，確認完成的模樣。

❷設置沉木

在輕石上面設置沉木。沉木的位置與方向會左右生態缸的印象，所以務必花點時間審慎思考。

Check!

直接裝在網袋使用

市面上的輕石也有以網袋包裝的製品，只要連網袋一起使用就能快速完成作業。

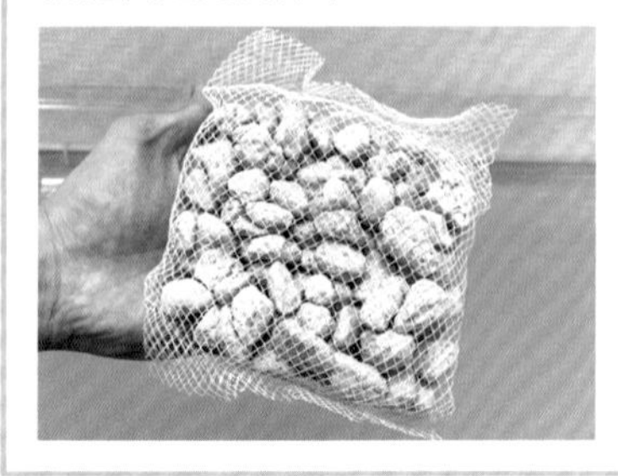

打造水岸生態缸的骨架

■ 從不同的角度確認

在製作生態缸的時候，造景用物品的位置與方向都非常重要。決定位置與方向之後，可稍微後退幾步觀察或是從斜上方、側邊觀察，確認整體設計的協調性。

這是在設置好主要素材後，從正上方看的樣子

➡照片中的生態缸在118頁

步驟② 設置植物與底材

❶設置植物

將觀葉植物設置在輕石上方。主要是要去思考植物該設置在哪裡，才方便觀察劍尾蠑螈。

Check!

要懂得隨機應變

一如在動手打造生態缸之前，要先確定完成的模樣；在製作生態缸的作業過程中，也要懂得隨機應變。雖然這次原本準備了3種觀葉植物，但在實際配置觀葉植物之後發現有一些不協調的地方，所以最終只使用了其中的1種。

❷鋪上大顆粒的赤玉土

將大顆粒的赤玉土鋪在輕石上。基準是在鋪有輕石的部分，再大致覆蓋上大顆粒赤玉土。

❸鋪上小顆粒的赤玉土

在飼養箱底部全都鋪滿小顆粒的赤玉土。先鋪大顆粒的赤玉土再鋪上小顆粒的，就能利用小顆粒的赤玉土補滿空隙。

創造高低落差

這座生態缸的中央區塊最終會是水區，所以高度要比周遭矮一點。

步驟❸ 設置苔蘚與倒水

❶設置苔蘚

在陸地處設置苔蘚。設置多種苔蘚可更逼真地還原自然環境。

❷在飼養箱倒水

在飼養箱中倒水。水區的水深基準約為2～3㎝即可。

步驟❹ 確認整體並收尾

❶確認整體與微調

以上的作業完成後，確認整體的協調性，再視情況調整。

❷放入劍尾蠑螈

輕輕地放入生物。關上蓋子的時候，小心不要夾到生物或是素材。

➡完成的生態缸在110頁

水岸生態缸的收尾

■ 決定觀察生物的位置

在製作生態缸的時候，一定要意識到平常觀察生物的位置。說得極端一點，觀賞時若是從生態缸背面看去，那麼不漂亮也沒關係。

而水岸生態缸的特徵之一，是通常人們大多會從上方觀察。

常從上方觀察的生態缸，可從上方確認收尾是否妥善

➡照片中的生態缸在118頁

維護與飼養的重點

【維護重點】

■換水

為了維護飼養箱內部環境的清潔，必須定期換水。基本上，一週換水1次即可。雖然使用自來水也沒問題，但為了去除次氯酸鈣的影響，最好先用市售產品除氯後再使用。

以每1到2週換水1次為基準，飼主要定期換水

以每天1次為基準替苔蘚噴水

■讓底部的積水排出

如果是設置了給水器的生態缸，在飼養箱的底部有可能會積水，此時可利用滴管吸除，或是另外用熱帶魚水族箱專用的塑膠管，透過虹吸原理排水。

■排泄物的處理

如果發現排泄物，可立刻利用鑷子撿除。

■更換底材

如果使用的是木屑這類底材，建議每個月更換1次為基準。

■植物的照顧

每天要為苔蘚噴水1次，如果發現枯葉或是植物本身長得太亂，可試著修剪。如果植物被生物踩踏到枯死，就更換一棵新的植物。

■飼養箱的維護重點

如果發現飼養箱的玻璃髒了，可利用質地柔軟的布擦拭乾淨。

【飼養重點】

■溫度管控

與其他的叢林生態缸一樣，要根據動物的物種調整飼養箱內部的溫度。

此外，某些兩棲類在自然環境下有冬眠的習性，雖然本章介紹的劍尾蠑螈與宮古蟾蜍在日本本州也有近緣種，但住在寒冷地帶的近緣種也會冬眠。不過，在飼養環境之下的兩棲類很難冬眠，而且通常會讓飼養箱內部維持一定的溫度，不讓牠們進入冬眠。

一般來說，不會讓劍尾蠑螈進入冬眠

■餵食的重點

本書介紹的劍尾蠑螈以及宮古蟾蜍都是以動物為主食。

對宮古蟾蜍來說，活蟋蟀是非常理想的餌料，可用鑷子餵給牠吃，也可以像在自然環境一般，放在飼養箱裡面讓牠進食。

另一方面，劍尾蠑螈則有特殊的食性，以烏龜專用的飼料餵食即可。雖然可以用鑷子餵食烏龜專用飼料，但有些個體會因為這樣而不吃。此時可先將生物移到另一個容器，再餵食冷凍赤蟲。

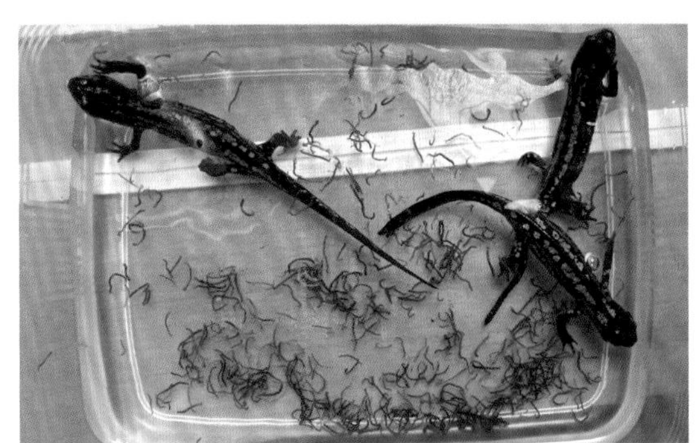

如果是將冷凍赤蟲放在飼養箱的水區，水一下子就會變得混濁，所以最好先移到另外的容器

Layout ▸ 15 宮古蟾蜍

根據宮古蟾蜍的生態，重點配置觀葉植物與苔蘚

宮古蟾蜍是非常健康活潑的生物，
所以要慎選配置植物的位置，以免植物倒塌。

從正面俯視

Close Up

重點配置苔蘚

雖然簡單的布置也能飼養宮古蟾蜍，但設置植物之後，的確變得更加美觀

能飼養於相同環境的其他爬寵

- 大理石蠑螈
- 日本山椒魚

※ 其他主要棲息於水岸的兩棲類等

■ 平衡地配置植物

宮古蟾蜍是體型可以超過10㎝的大型蟾蜍爬寵，把體型又胖又短的牠放在手上，會覺得沉甸甸的。而且牠的活動量也很大，如果一次將好幾隻宮古蟾蜍養在同一個飼養箱，精心布置的觀葉植物以及苔蘚一定會被踩踏得破爛不堪。所以在配置植物時，一定要考慮到蟾蜍的體型以及植物本身的強韌度。此外，配置太多植物反而會顯得很雜亂，所以適量地重點配置植物即可。

MEMO

青蛙會從腹部補充水分

宮古蟾蜍與其他青蛙、蟾蜍都不是從嘴巴喝水，而是從腹部的皮膚補充水分的。所以青蛙的生態缸一定要有給水器 ，而且要挑選青蛙能整隻泡在裡面的尺寸。

重　點

■ 使用植物盆器當遮蔽處

這次使用了黑色塑膠盆器當作宮古蟾蜍的遮蔽處。活用此素材的發想不但划算又合理。為了避免盆器太過突兀，還將赤玉土塞到盆器之中。

將盆器當成遮蔽所使用

■ 慎選給水器

給水器是飼養宮古蟾蜍所不可或缺的用品，除了要選擇夠寬、夠深的類型，也要顧及外型的美感。

■ 僅在重點場所配置苔蘚

如果在大範圍全部鋪上苔蘚，一下子就會被宮古蟾蜍踩得亂七八糟。所以不需要使用大量苔蘚，只要配置在重點場所。

了解宮古蟾蜍

■ 每隻個體的體色與花紋都不同

宮古蟾蜍是分布於俄羅斯、中國東部、朝鮮半島的中華蟾蜍之亞種，從名字可以知道，牠的主要棲息地是在宮古群島（日本沖繩縣），體型也比棲息於日本本州的日本蟾蜍還要小隻。

背部有黃色條紋的個體

【生物資料】

- **種屬**／兩棲類，蟾蜍科蟾蜍屬
- **全長**／約5～10㎝
- **壽命**／約10年
- **食性**／動物（以蚯蚓、螞蟻這類地棲型小動物為主）
- **外觀特徵**／眼睛很大、表情很可愛之外，體色與花紋也有很多變化，外觀很有個性
- **飼養重點**／宮古群島的全年平均氣溫落在23度左右，最低氣溫也維持在16度附近，平均濕度則是高達80%，完全可說是亞熱帶海岸型氣候，所以也要重現這樣的環境。如果選擇的是寬60㎝×深40㎝×高40㎝的飼養箱，大概養3到4隻就好。

  就餵食而言，通常是將活蟋蟀這類昆蟲放在飼養箱之內。

背部有橘色條紋的個體

背部有黃色粗紋的個體

準　備

【飼養箱等】
飼養箱▶尺寸寬約58.0㎝×深約39.2㎝×高約32.0㎝／塑膠製＆玻璃製（正面）

【造景用物品】
底材▶輕石／赤玉土
骨架▶—（不使用大型素材當骨架）
植物▶觀葉植物（黃金葛：使用塑膠盆器當容器）／苔蘚（準備不同種類的苔蘚）

■使用黃金葛

黃金葛是生命力強韌的植物，比較適合用在宮古蟾蜍的生態缸，也可以使用人造植物加以點綴。

步　驟

步驟❶ 鋪上輕石與配置植物

❶鋪上輕石，決定遮蔽處的位置

首先要打造作為基礎的部分。這次為了排水考量而在飼養箱底部鋪上輕石，也決定好遮蔽處的位置。

Check!

調整高度

可將包在網袋裡面的輕石，整包放進飼養箱，但這次希望墊在給水器下面的輕石層薄一點，所以才先將輕石從網袋拿出來。

❷決定植物的配置

接著決定植物的配置。此時要根據生物的體型，選擇葉子大小適當又強韌的植物。

❸設置給水器

接著設置給水器。除了實用性之外，也要顧及外觀的美感。

步驟② 鋪上赤玉土與設置植物

❶鋪上赤玉土

利用赤玉土在飼養箱中鋪出陸地。如此一來，就能讓植物更加穩固。

Check!

從盆器拿出植物

這次是將植物從盆器拿出來，再設置於飼養箱中。雖然可將連同盆器一起設置，但通常不太美觀，也有可能危害植物的健康。

步驟③ 設置苔蘚並收尾

配置完以上素材後，確認整體的協調性，再視情況調整

❶設置苔蘚

視情況設置苔蘚。因為這次希望生物能「在稍微弄掉身上的泥土之後，再進入水區」，所以將苔蘚配置在給水器周圍。

在安裝飼養箱的上半部或是關上蓋子時，小心不要夾到植物與生物

❷裝回上半部與放入生物

裝回飼養箱的上半部，再放入生物。

➡完成的生態缸在118頁

維護與飼養的重點

【維護重點】

■植物的照顧

基本上，每天替植物噴水1次（也可利用噴霧器維持飼養箱內部的濕度）。此外，可試著修剪長得太長的植物，或是將枯死的植物換成新的植物。

【飼養重點】

■管控生物的水分補給與濕度

基本上，給水器的水每天換1次。除此之外，如果飼養箱的底部積水，可先將給水器拿出來，再以滴管吸除積水。

其實「棲息於水岸的爬寵生態缸」類型非常多元，有些甚至與樹棲性生物的生態缸類似。在此會一起跟著製作者與本書監修者的評語，來認識不同的水岸生態缸。

美洲鬣蜥Translucent Red的生態缸

【生態缸資料】

動物▶美洲鬣蜥 Translucent Red

飼養箱▶尺寸寬約 190.0㎝ × 深約 70.0㎝ × 高約 190.0㎝（自製）／木頭製＆玻璃製

照明燈具▶加熱燈／ UV燈

底材▶木屑（天然椰子材質的製品）

骨架▶軟木樹皮樹枝／樹枝

飼養用物品▶收納箱（當成給水器使用）

【製作者】

爬蟲類俱樂部（中野店）

【製作者的評語】

「這次利用窗框自製了超大型飼養箱，也利用軟木樹皮樹枝與樹枝組裝出立體構造，無論大型鬣蜥怎麼爬都不會崩塌，布置上方便鬣蜥上下立體活動。」

【本書監修者的評語】

■ 動感與魄力十足的作品

這是利用大型窗框當成飼養箱所製作出的生態缸。其中使用了許多大樹枝，打造出動感十足的布置，也讓這項作品充滿了帥氣的魄力。鬣蜥會爬樹，也會在水區游泳，所以可以看出這是根據鬣蜥的生態，有過一番深思熟慮而做出的作品。

紅腹蠑螈的生態缸

【生態缸資料】
動物▶紅腹蠑螈
飼養箱▶尺寸寬約31.5㎝×深約31.5㎝×高約33.0㎝／玻璃製
底材▶熱帶魚水族箱專用的沙子
骨架▶沉木（3根）
植物▶苔蘚（2種）／水草
造景用物品▶碳化橡樹板（當成背景板使用）

【製作者】
RAF Channel 有馬
（本書的監修者）

【製作者的評語】
「這是增加水區比例的生態缸。自然環境下的紅腹蠑螈常出沒於濕地或小水池附近，所以這次以這類『死水區域』為靈感，製作出這個生態缸。也簡單地利用沉木與苔蘚打造成和風生態缸。紅腹蠑螈與劍尾蠑螈的差異，在於前者經常棲息於水區附近，所以此作品才會增加水區的比例。」

希望大家能以不危害生物為前提，飼養自己喜愛的爬蟲類或兩棲類，並好好享受其中的樂趣

本書的最後是本書的監修者有馬先生以及被譽為日本國內爬蟲類、兩棲類領域第一把交椅的爬蟲類俱樂部代表的渡邊先生，兩人之間的對談。在兩人的對談之中，蘊藏著許多製作生態缸的提示與靈感。

■第一步是先面對生物

——話說回來，有馬先生是在什麼因緣際會之下，對生態缸的製作產生興趣的呢？

有馬●我從小就很喜歡生物，目前為止養過的生物也多到不計其數。在飼養生物的過程中，我找到「製作生態缸」這項興趣，如今也打造了許多生態缸作品。為了購買各種飼養用物品以及生態缸的造景用物品，而找到爬蟲類俱樂部。一直以來，爬蟲類俱樂部幫了我很多忙，本書介紹的一些用品也是於爬蟲類俱樂部購得。想請教很會打造生態缸的渡邊社長，到底該怎麼做，才能順利完成作呢？

渡邊●我覺得打造生態缸有2種動機，一種是像裝修般想要增添擺設，比方說，「想在這間房間多擺一座這樣的生態缸」，並且在這座生態缸飼養適當的生物；另一種動機就是單純地想飼養某種生物，

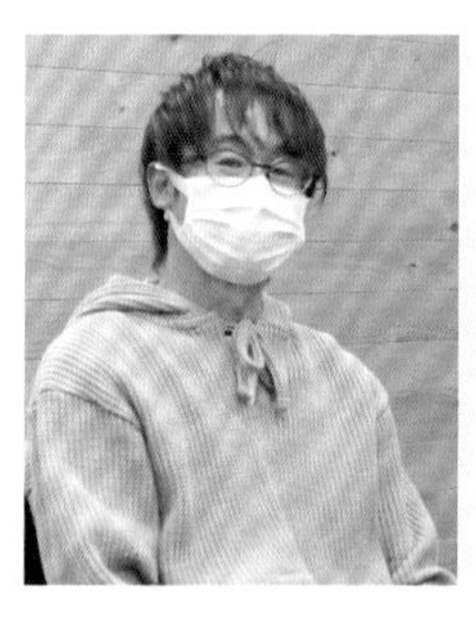

渡邊英雄

自幼就飼養許多生物，在擔任爬蟲類與熱帶魚專賣店的店員與店長之後，於1996年創立「爬蟲類俱樂部」，從事爬蟲類零售、批發、進出口、活餌繁殖等相關業務，也擔任量販店顧問，是於爬蟲類業界無比活躍的人物。

然後為了該生物打造與之相符的漂亮生態缸。

有馬●這麼說來，我屬於後者，本書介紹的生態缸也都是針對生物，才開始打造的生態缸。

渡邊●前幾天，有位顧客問了我這樣的問題。這位顧客是一位兒子正在念國中一年級的爸爸。他跟我說，他的兒子想要養豹紋守宮（Leopard gecko），所以他想問我：「在此之前完全沒有養過爬蟲類生物的人，想要養的話該怎麼做才好？」這與生態缸是不是「要鋪一些沙子當底材，然後擺一些沉木，打造得漂漂亮亮」的問題可說是一模一樣。

有馬●豹紋守宮果然很受歡迎啊，所以渡邊社長怎麼回答對方呢？

渡邊●我覺得在那樣的家庭第一次飼養爬蟲類，可能會遇到很多從沒遇過的事情，所以告訴對方，「一開始先簡單一點就好」。

有馬●如果是第一次飼養爬蟲類，一定要先徹底了解這類生物啊。

渡邊●的確是這樣呢，尤其飼養「豹紋守宮」更是如此。野生的豹紋守宮是棲息於巴基斯坦這類中東地區的自然環境之中，所以通常需要準備大型的飼養箱，還得利用沙子與泥土充分拌勻的底材鋪出20到25㎝的底層，然後再將沉木插在上面。如此

一來，豹紋守宮才有沉木可以爬、才能挖洞躲進地底睡覺；更理想的做法則是讓地面保持乾燥，但讓地底維持一定濕度的狀態。如果能打造出這種生態缸，真的非常厲害，但是要管理大型生態缸的溫度與濕度是件非常困難的事。

有馬◎似乎有許多人都在塑膠材質的飼養箱中，使用維持生物健康的最低限度設備來飼養豹紋守宮，這其實也是個不壞的方法。

渡邊◎這與豹紋守宮「一直以來都是觀賞動物」的背景有關。基本上，豹紋守宮的上一代，甚至更上一代，都是在人工飼養環境下長大，所以不像其他種類的生物，那麼需要「為其打造極為逼真的自然環境」。

有馬◎豹紋守宮的確是人工繁殖程度很高的生物。

渡邊◎而且豹紋守宮是夜行性的，所以就算打造了很漂亮的生態缸，也不見得能夠欣賞到牠活動的模樣。此外，若飼養方式是採取將活蟋蟀放在飼養箱裡面的做法，豹紋守宮也恐怕會因為造景太過精美而找不到這些活蟋蟀。

有馬◎我也是以相同的概念製作生態缸。這次於本書介紹的生態缸大部分都是新的作品，只有少數例外，但基本上我都有考慮飼養與維護的問題，也不斷地提醒自己不要在打造生態缸時「走火入魔」。

渡邊◎其實豹紋守宮算是特例，所以一開始應該先從簡易的生物開始飼養，等到了解這類生物的適當飼養方法之後，再試著打造生態缸也是個不會出錯的途徑。這當然不是在說，不用考慮飼養環境的設計。比方說，我就不太建議在飼養豹紋守宮的時候，在飼養箱使用寵物尿墊當底材，因為一噴霧，水分就會被寵物尿墊吸乾，無法讓飼養箱的內部空間維持一定的濕度。

■製作生態缸也要具備植物知識

——能否再多教一些製作生態缸的注意事項呢？

渡邊◎在「布置飼養箱之前」，要先思考適合生物生活的環境是什麼，因為接下來是要與「有生命的牠們相處」。最具代表性的就是要先思考管控溫度與濕度，例如鬆獅蜥就是必須要有加熱燈才能維持健康的生物。

有馬◎如果已經選好想飼養的爬蟲類或兩棲類，就得根據牠們的體型挑選尺寸適當的飼養箱，也要為該生物準備相關的用品。另外要注意的是，如果生物很大隻，精心打造的造景有可能沒多久就會變得亂七八糟。

渡邊◎此外，生態缸中的植物也很重要，所以在布置植物的時候，也要思考日照的問題。要先請大家記住的是，就算沒有日光，只有日光燈的光，植物依舊能健康地茁壯，但不管是哪種植物都需要光。

有馬◎若是在夜行性生物的生態缸種滿植物，要是白天不點燈的話，這些植物還是有可能會枯死。

渡邊◎另一個問題是，有些植物有毒。比方說，仙客來這類植物就有毒，姑婆芋以及部分根莖類植物或是秋海棠屬植物也都有毒。

有馬◎在布置生態缸的時候，當然需要了解植物。

渡邊◎雖然有毒的植物不多，不需要那麼杞人憂天，但除了了解生物之外，調查植物的相關知識也非常重要。

有馬◎市面上有許多美觀的人造植物，使用人造植物也不失為選項之一。

渡邊◎對啊，不過人造植物比較柔軟，要注意很容易被生物咬壞，所以最好視情況選擇素材堅韌耐咬的製品。

有馬◎話說回來，有哪些生物容易誤食？

渡邊◎鬣蜥或是鬆獅蜥都很容易誤食。如果怕生物誤食，可選購歐美生產的人造植物，這類人造植物通常素材堅硬比較耐咬。

■日本的生態缸作品較為細膩

——外國也很盛行生態缸嗎？

渡邊◎歐美一帶非常盛行，而且很多都又大又有趣的。就算是個人的作品，也有人使用寬達75㎝，又具有一定深度的飼養箱製作喔。

同為爬蟲類與兩棲類的愛好者，所以聊得很開心

有馬●我有看過外國作品的高度高達1樓或2樓，然後布置大型植物的個人生態缸作品。這尺寸真的讓我大吃一驚，不過，日本的住宅不太可能打造這麼大的生態缸對吧？話說回來，日本住宅的門或是走廊都太窄，根本沒辦法將這麼大型的生態缸搬進房子裡。

渡邊●現實就是如此啊，不過，大型生態缸反而比較容易製作，小型的生態缸才是挑戰呢。

有馬●的確，在空間受到限制之下，就得對素材有所取捨。

渡邊●而且也得準備小型的植物。不過，日本人的心思較為細膩，所以反而擅長製作小型作品。比方說，盆栽就是絕佳的範例之一，從照片來看，覺得樹很大一棵，但其實是很緊湊小巧的作品。如此想來，日本的生態缸作品的確有日本人的特色。

■用途廣泛的碳化橡樹板

——剛剛比較了外國作品與日本作品的差異，但過去的日本作品與現在的日本作品有什麼不同嗎？

渡邊●最明顯的不同在於飼養用物品以及其他物品的品項變得很豐富。以前光是要買到餵爬蟲類或兩棲類吃的蟋蟀就很不容易了。

有馬●有些新素材也讓人驚豔，比方說，我在替紅眼樹蛙打造生態缸（52頁）的時候使用了碳化橡樹板。我第一次發現有這種碳化橡樹板的時候，真的大吃一驚。我是在爬蟲類俱樂部的中野店發現這種素材的，這真的是非常好用，又具有劃時代意義的素材啊。

渡邊●真是感謝您的光顧（笑）。我也是在外國的作品看到這種碳化橡樹板才開始販賣這種素材的。碳化橡樹板能用來種植植物，而且還能除臭。

有馬●居然有除臭效果？我是覺得碳化橡樹板的硬度剛剛好，能夠隨心所欲地調整形狀，疊在一起又能營造立體感，是很推薦使用的素材之一。

■也可以將背景板設置在外側

——想請教渡邊先生的是，您到目前製作了那麼多的作品，有沒有最讓你印象深刻的作品呢？

渡邊●我印象特別深刻的就是將大型餐廚櫃當成飼養箱使用的作品。我記得那個作品是先拆下所有的隔板，接著在飼養箱的內部安裝岩石，以及進行防水工程……雖然不像剛剛提到的外國作品那麼巨大，但耗費時間與心力製作那麼大型的作品，快樂也是加倍的。

有馬●爬蟲類俱樂部中野店的保麗龍板生態缸（105頁）也很有型呢。

渡邊●就是啊（笑）。話又說回來，要製作乾燥地區的生態缸，恐怕也只有那個方法了。

有馬●老實說，在做鬆獅蜥生態缸（90頁）的時候，我一開始也不知道該怎麼用。結果就只是鋪上底材，然後將看起來很時髦的沉木組合起來，是非常簡易的作品而已。不過，我在製作的時候，發現有些地方還可以加強，也從剛剛提到的保麗龍板生態缸得到很多靈感。

渡邊●製作保麗龍板生態缸可是件大工程啊，我記得光是將保麗龍板切成一段一段的就切到半夜，還為了讓素材完全乾燥等到隔天。除了背面之外，在製作兩邊的側面時，同樣的步驟又再來一次，所以花了不少時間。

有馬●本書介紹的某些生態缸作品是使用密封膠黏著，這種密封膠也要很久才會完全乾燥，所以通常

展示於「爬蟲類俱樂部」中野店的生態缸。其中使用了碳化橡樹板這種素材，裡面的生物則是蠟白猴樹蛙

是「隔天再繼續進行」的作品。這麼一來，就得另外花時間收拾準備的素材。雖然製作背景板是很有趣的過程，但難度有點高，比較適合高階者吧。

渡邊●也可以試著將背景板裝在外側。在飼養箱的外側設置保麗龍板，然後將植物種在上面。光是將市售的背景板設置在外側也很吸睛。

有馬●原來如此，這個創意還真是有趣啊。

■挑選素材也很重要

——能不能傳授幾招初學者也能作出精美生態缸的訣竅呢？

渡邊●我覺得重要的是要注意到，不要使用「太多顏色」，最多不要超過3種顏色吧。就算是植物，如果造景顏色有太多種，也不會讓人覺得漂亮吧。

有馬●飼養箱的設計會顯得很不協調對吧。

渡邊●比方說雖然只使用1種植物，但想要增加變化的話可以選用不同的尺寸。

有馬●其實我也滿煩惱該怎麼選擇植物。舉具體例子來說，我比較常用黃金葛，但是黃金葛的存在感太強，一旦布置了黃金葛，後續就只能再布置黃金葛。比方說，這次在打造紅眼樹蛙的生態缸（52頁）時，就使用了黃金葛，但其實一開始想使用其他植物的，只是一布置又覺得很不協調，所以最後只布置了黃金葛。

渡邊●黃金葛的話，選擇葉子呈鮮綠色的綠世界黃金葛比較好喲。就我的經驗而言，綠世界黃金葛的葉子比其他園藝專用的黃金葛來得嬌小，所以存在感不會那麼強烈。

有馬●原來如此，我不知道還有綠世界黃金葛這種造景用物品。黃金葛的葉子通常會很大一片，所以都會遮住造景，每次我都要想辦法修剪黃金葛，或是只能在特定的位置布置黃金葛，實在是費時又費力啊。

渡邊●要使用「綠世界黃金葛」的話，不要使用從園藝材料行買的綠世界黃金葛，而是要使用從幼苗開始種2到3個月的綠世界黃金葛。黃金葛可分株種植，所以只要以水耕的方式種植，就能種出葉子嬌小的品種。

有馬●為了打造生態缸而自己種植物，而且將植物種成方便使用的大小，也太厲害了吧。

渡邊●其實我布置生態缸的時候，比較喜歡使用垂榕這種植物。垂榕與黃金葛一樣生命力強韌，而且也能分株種植。

展示於「爬蟲類俱樂部」中野店的生態缸。可以發現花了不少心思製作的背景板。養在裡面的生物是金頭澤巨蜥

有馬●「該怎麼布置生態缸」固然重要，挑選適當的素材也很重要啊。

渡邊●我倒覺得，挑選適當的素材更加重要。如果要利用植物布置的話，能不能「找到符合自己理想的植物」將是關鍵，所以有必要找到品項齊全的園藝材料行吧。在布置生態缸的階段，也要試著留白，重點是不要把整個空間都塞得滿滿的。

■盡情地享受其中樂趣吧！

——最後是否能請2位做個結論呢？

渡邊●如果有想要製作的生態缸，那麼就盡可能地搜尋該生物與會使用到的植物資訊。

有馬●我覺得這個步驟真的很重要。比方說，先了解該生物的棲息地，以及該生物都吃些什麼，然後先想好需要準備多大的飼養箱再盡力製作。

渡邊●真要說的話，打造生態缸就是一種滿足自我的興趣。前提是不能使用任何可能危害生物的素材。希望大家都能飼養自己喜愛生物，並好好享受其中的樂趣。

【監修者】RAF Channel 有馬

1990年8月13日出生。於東京都內的IT企業服務之餘，從事爬蟲類動物YouTuber的工作。除了飼養豹紋守宮（Leopard gecko）、肥尾守宮、鬆獅蜥這類主流的爬蟲類，也飼養了只有爬蟲迷才會飼養的罕見品種，而且總數超過200多隻。也養了許多製作生態缸時常見的各種箭毒蛙，所有製作過程以及飼養過程都能在YouTube頻道觀看。

YouTube
「RAF Channel」
正盡力宣傳Reptiles（爬蟲類）、Amphibian（兩棲類）、Fish（魚類）的魅力。
https://www.youtube.com/@raf_ch

X（前Twitter）
https://twitter.com/aririn_leopa

Instagram
@raf.channel0813

日文版STAFF
■製作：有限会社イー・プランニング
■編輯、製作：小林英史（編集工房水夢）
■攝影：RAF Channel 有馬、長尾亜紀
■DTP、內文設計：松原卓（ドットテトラ）

重現爬蟲類、兩棲類棲息地環境的自然生態缸

新手也能神還原森林、荒野、水岸的自然樣貌

2024年2月1日初版第一刷發行

監修者	RAF Channel 有馬
譯　者	許郁文
編　輯	吳欣怡
美術編輯	黃瀞瑢
發行人	若森稔雄
發行所	台灣東販股份有限公司 ＜地址＞台北市南京東路4段130號2F-1 ＜電話＞(02)2577-8878 ＜傳真＞(02)2577-8896 ＜網址＞http://www.tohan.com.tw
郵撥帳號	1405049-4
法律顧問	蕭雄淋律師
總經銷	聯合發行股份有限公司 ＜電話＞(02)2917-8022

HACHURUITO RYOUSEIRUINO KURASHIWO SAIGEN VIVARIUM
SEISOKUKANKYOU HINSHUBETSUNO
TSUKURIKATATO MISERUPOINTO
©eplanning, 2023
Originally published in Japan in 2023 by MATES universal contents Co.,Ltd.,TOKYO.
Traditional Chinese translation rights arranged with MATES universal contents Co.,Ltd.,TOKYO, through TOHAN CORPORATION, TOKYO.

國家圖書館出版品預行編目(CIP)資料

重現爬蟲類、兩棲類棲息地環境的自然生態缸：新手也能神還原森林、荒野、水岸的自然樣貌/RAF Channel 有馬著；許郁文譯. -- 初版. -- 臺北市：臺灣東販股份有限公司, 2024.2
128面；18.2×25.7公分
ISBN 978-626-379-212-8（平裝）

1.CST: 爬蟲類 2.CST: 兩生類 3.CST: 寵物飼養

437.39　　112021856